上海市职业教育"十四五"规划教材

世界技能大赛项目转化系列教材

制冷与空调

Refrigeration and Air Conditioning

主　编◎周卫民　施伟华

上海教育出版社

SHANGHAI EDUCATIONAL
PUBLISHING HOUSE

世界技能大赛项目转化系列教材
编委会

主　任： 毛丽娟　张　岚

副主任： 马建超　杨武星　纪明泽　孙兴旺

委　员：（以姓氏笔画为序）

马　骏　卞建鸿　朱建柳　沈　勤　张伟罡

陈　斌　林明晖　周　健　周卫民　赵　坚

徐　辉　唐红梅　黄　蕾　谭移民

序

世界技能大赛是世界上规模最大、影响力最为广泛的国际性职业技能竞赛，它由世界技能组织主办，以促进世界范围的技能发展为宗旨，代表职业技能发展的世界先进水平，被誉为"世界技能奥林匹克"。随着各国对技能人才的高度重视和赛事影响不断扩大，世界技能大赛的参赛人数、参赛国和地区数量、比赛项目等都逐届增加，特别是进入21世纪以来，增幅更加明显，到第45届世界技能大赛赛项已增加到六大领域56个项目。目前，世界技能大赛已成为世界各国和地区展示职业技能水平、交流技能训练经验、开展职业教育与培训合作的重要国际平台。

习近平总书记对全国职业教育工作作出重要指示，强调加快构建现代职业教育体系，培养更多高素质技术技能人才、能工巧匠、大国工匠。技能是强国之基、立国之本。为了贯彻落实习近平总书记对职业教育工作的重要指示精神，大力弘扬工匠精神，加快培养高素质技术技能人才，上海市教育委员会、上海市人力资源和社会保障局经过研究决定，选取移动机器人等13个世赛项目，组建校企联合编写团队，编写体现世赛先进理念和要求的教材（以下简称"世赛转化教材"），作为职业院校专业教学的拓展或补充教材。

世赛转化教材是上海职业教育主动对接国际先进水平的重要举措，是落实"岗课赛证"综合育人、以赛促教、以赛促学的有益探索。上海市教育委员会教学研究室成立了世赛转化教材研究团队，由谭移民老师负责教材总体设计和协调工作，在教材编写理念、转化路径、教材结构和呈现形式等方面，努力创新，较好体现了世赛转化教材应有的特点。世赛转化教材编写过程中，各编写组遵循以下两条原则。

原则一，借鉴世赛先进理念，融入世赛先进标准。一项大型赛事，特别是世界技能大赛这样的国际性赛事，无疑有许多先进的东西值得学习借鉴。把世赛项目转化为教材，不是简单照搬世赛的内容，而是要结合我国行业发展和职业院校教学实际，合理吸收，更好地服务于技术技能型人才培养。梳理、分析世界技能大赛相关赛项技术文件，弄清楚哪些是值得学习借鉴的，哪些是可以转化到教材中的，这是世赛转化教材编写的前提。每个世赛项目都体现出较强的综合性，且反映了真实工作情景中的典型任务要求，注重考查参赛选手运用知识解决实际问题的综合职业能力和必备的职业素养，其中相关技能标准、规范具有广泛的代表性和先进性。世赛转化教材编写团队在这方面都做了大量的前期工作，梳理出符合我国国情、值得职业院校学生学习借鉴的内容，以此作为世赛转化教材编写的重要依据。

原则二，遵循职业教育教学规律，体现技能形成特点。教材是师生开展教学活动的主要参考材料，教材内容体系与内容组织方式要符合教学规律。每个世赛项目有一套完整的比赛文件，它是按比赛要求与流程制定的，其设置的模块和任务不适合照搬到教材中。为了便于学生学习和掌握，在教材转化过程中，须按照职业院校专业教学规律，特别是技能形成的规律与特点，对梳理出来的世赛先进技能标准与规范进行分解，形成一个从易到难、从简单到综合的结构化技能阶梯，即职业技能的"学程化"。然后根据技能学习的需要，选取必需的理论知识，设计典型情景任务，让学生在完成任务的过程中做中学。

编写世赛转化教材也是上海职业教育积极推进"三教"改革的一次有益尝试。教材是落实立德树人、弘扬工匠精神、实现技术技能型人才培养目标的重要载体，教材改革是当前职业教育改革的重点领域，各编写组以世赛转化教材编写为契机，遵循职业教育教材改革规律，在职业教育教材编写理念、内容体系、单元结构和呈现形式等方面，进行了有益探索，主要体现在以下几方面。

1. 强化教材育人功能

在将世赛技能标准与规范转化为教材的过程中，坚持以习近平新时代中国特色社会主义思想为指导，牢牢把准教材的政治立场、政治方向，把握正确的价值导向。教材编写需要选取大量的素材，如典型任务与案例、材料与设备、软件与平台，以及与之相关的资讯、图片、视频等，选取教材素材时，坚定"四个自信"，明确规定各教材编写组，要从相关行业企业中选取典型的鲜活素材，体现我国新发展阶段经济社会高质量发展的成果，并结合具体内容，弘扬精益求精的工匠精神和劳模精神，有机融入中华优秀传统文化的元素。

2. 突出以学为中心的教材结构设计

教材编写理念决定教材编写的思路、结构的设计和内容的组织方式。为了让教材更符合职业院校学生的特点，我们提出了"学为中心、任务引领"的总体编写理念，以典型情景任务为载体，根据学生完成任务的过程设计学习过程，根据学习过程设计教材的单元结构，在教材中搭建起学习活动的基本框架。为此，研究团队将世赛转化教材的单元结构设计为情景任务、思路与方法、活动、总结评价、拓展学习、思考与练习等几个部分，体现学生在任务引领下的学习过程与规律。为了使教材更符合职业院校学生的学习特点，在内容的呈现方式和教材版式等方面也尝试一些创新。

3. 体现教材内容的综合性

世赛转化教材不同于一般专业教材按某一学科或某一课程编写教材的思路，而是注重教材内容的跨课程、跨学科、跨专业的统整。每本世赛转化教材都体现了相应赛项的综合任务要求，突出学生在真实情景中运用专业知识解决实际问题的综合职业能力，既有对操作技能的高标准，也有对职业素养的高要求。世赛转化教材的编写为职业院校开设专业综合课程、综合实训，以及编写相应教材提供参考。

4. 注重启发学生思考与创新

教材不仅应呈现学生要学的专业知识与技能，好的教材还要能启发学生思考，激发学生创新思维。学会做事、学会思考、学会创新是职业教育始终坚持的目标。在世赛转化教材中，新设了"思路与方法"栏目，针对要完成的任务设计阶梯式问题，提供分析问题的角度、方法及思路，运用理论知识，引导学生学会思考与分析，以便将来面对新任务时有能力确定工作思路与方法；还在教材版面设计中设置留白处，结合学习的内容，设计"提示""想一想"等栏目，起点拨、引导作用，让学生在阅读教材的过程中，带着问题学习，在做中思考；设计"拓展学习"栏目，让学生学会举一反三，尝试迁移与创新，满足不同层次学生的学习需要。

世赛转化教材体现的是世赛先进技能标准与规范，且有很强的综合性，职业院校可在完成主要专业课程的教学后，在专业综合实训或岗位实践的教学中，使用这些教材，作为专业教学的拓展和补充，以提高人才培养质量，也可作为相关行业职工技能培训教材。

编委会

2022 年 5 月

前　言

一、世界技能大赛制冷与空调项目简介

世界技能大赛制冷与空调属于"结构与建筑技术"类下设的比赛项目。制冷与空调第一次成为世赛项目是在 2007 年日本静冈举办的第 39 届世界技能大赛，最初的项目名称为"制冷"（Refrigeration）。制冷项目首次亮相世赛时有 21 个国家和地区参赛，直到 2011 年第 41 届伦敦世赛，本项目正式更名为"制冷与空调"（Refrigeration and Air Conditioning）。至 2019 年第 45 届世赛时，参加制冷与空调项目的国家和地区增加到 28 个。

中国大陆自 2010 年加入世界技能组织，已连续参加了四届该项目的比赛，获得 2 铜 1 银 1 次优胜奖的良好成绩。2013 年在德国莱比锡第 42 届世界技能大赛上，我国选手首次参加该赛项就获得铜牌；2015 年在巴西圣保罗第 43 届世界技能大赛上，我国参赛选手取得银牌的好成绩；2017 年在阿联酋阿布扎比第 44 届世界技能大赛上，我国再次获得铜牌。

世赛制冷与空调项目共设置了制冷组件制作、制冷与空调系统安装与调试、空调系统排故 3 个模块，比赛中对于选手的技能要求主要包括：（1）制冷组件制作：使用管工、焊工等技能；（2）制冷与空调系统安装：完成管路设计，设备、管道、阀件安装，电气设计及安装；（3）系统调试：完成系统气密性测试、控制参数设置、制冷剂充注、系统动态调试；（4）对于空调系统出现的故障进行判断及排除。

制冷与空调项目涵盖了制冷与空调技术多方面的知识和技能要求，既有制冷系统、电气管路设计要求，也有设备、管道安装要求，更有系统调试和空调系统故障诊断、排故操作综合能力等要求；既需要高水平的专业技能与服务，也需要有较强的工作组织、自我管理和良好的人际沟通交流能力。该项目体现了技术复合性与交叉性，项目中引入新型制冷剂使用、新型管道冷连接工艺、软连接工艺、制冷剂回收操作知识与技术，注重体现当今环保理念和技术推广。这些先进理念和技能要求，反映了全球范围在行业领域对于专业岗位的要求和理解，也为我国职业院校建设高水平的制冷与空调专业，培养更多高素质制冷与空调技术技能人才提供很有价值的参考。

二、教材转化路径

从世赛项目到教材转化，依据世赛项目内容并结合专业教学实际，主要遵循两条原则：一是教材编写要依据世赛职业技能标准和评价要求，确定教材内容和每单元的学习目标，充分体现教材与世界先进标准对接，突出教材的先进性和综合性；二是教材编写要符合学生学习特点和教学规律，从易到难，从单一到综合，确定教材内容体系，构建起有利于教与学融合的教材结构，把世赛的标准、规范融入具体学习任务之中。

本教材转化依据制冷与空调项目世赛技术文件，首先把 3 个竞赛模块转化为 4 个职业能力模块，实现竞赛模块与职业能力模块基本对应，并把融入世赛模块中的安全与健康重点单列，成为一个职业能力模块，随后基于任务引领型课程教材理念，对每一职业能力模块所涉及的典型工作任务进行了全面分析与梳理，确定了 11 个面向教学的典型工作任务，构建形成了"竞赛模块—职业能力模块—典型工作任务"的教材结构总体框架，全面体现了世赛制冷与空调项目的竞赛模块设置与技术技能要求。

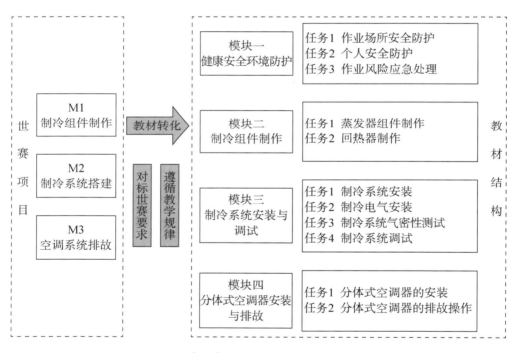

制冷与空调项目教材转化路径图

目　录

模块四　分体式空调器安装与排故

模块一

健康安全
环境防护

健康安全环境防护（Health，Safety and Environment，简称 HSE）模块是世界技能大赛制冷与空调项目竞赛中的重要评判内容，同时也是日常制冷与空调系统安装与维修作业安全实施的前提与保障。

世界技能大赛制冷与空调项目的竞赛章程中，会结合竞赛主办国和举办城市当地的法律法规及安全操作的国际惯例，详细制定从竞赛筹备至结束的全过程场地、工具、耗材、化工品及个人防护的安全准则和行为规范，并在竞赛技术文件中明确列出以下与健康安全相关的个人需要了解及达到的技能职业标准。

1. 在制冷与空调系统安装与维修作业时如何识别和应对危险情况。

2. 在制冷与空调系统安装与维修作业时正确选择并使用适当的个人防护设备。

3. 在制冷与空调系统安装与维修作业时能预防常见电气危险的发生，并能正确做好基本的电气安全措施。

4. 在制冷与空调系统安装与维修作业时安全使用登梯、伸缩梯和活动塔等设备。

5. 掌握所用设备、工具的正确操作方式，以及化学品使用、维护和潜在风险等知识。

6. 掌握工作中伤害的急救要求和方法，如实记录工作中的未遂事故和意外事故。

7. 应用制冷与空调行业的环保措施，维护安全整洁的工作区。

本模块将世界技能大赛中对健康、安全与环境的法规及评价细则，同制冷与空调系统安装与维修作业的安全防护要求进行了有机结合，由作业场所安全防护、个人安全防护、作业风险应急处理三个部分组成。主要介绍了制冷与空调系统安装与维修工作环境、个人作业及安全预案涉及的安全知识与操作规范、操作要点，以确保操作者的健康和生命安全。

图 1-0-1　规范安全的竞赛现场

任务 1 作业场所安全防护

 学习目标

1. 能识别制冷与空调系统安装与维修作业场所中出现的各种安全标志。
2. 能根据安装与维修任务进行作业场所安全设施的检查，并提出合理的安全装置配置建议。
3. 能根据作业场所的布局情况判别作业的安全性，完善安全防护措施。
4. 能养成严谨细致、一丝不苟、精益求精的工匠精神，树立良好的安全意识和环保意识。

 情景任务

作为一名安装维修人员，第一次走进制冷与空调系统安装与维修作业场所时，首要任务就是要在师傅带领下，熟悉工作环境，识别各类安全标志，并进一步检查与布置好安全的作业场所，为后续作业创造条件。

 思路与方法

根据预防为主的安全原则，制冷与空调系统安装与维修作业场所的安全防护设施设备应当排除一切安全隐患。在进行作业场所安全布置的过程中，还要充分掌握以下作业场所的安全知识。

一、安装与维修作业场所涉及哪些安全因素？

制冷与空调系统安装与维修作业涉及管工、焊工、电工、钳工、化学防护、消防安全、登高作业等操作环节，工作性质复杂，一旦失误即可引发事故。安全的作业场所应具备良好的通风条件，系统设施设备及安全防护工具均应处于正常可操作状态，以确保作业过程中不会发生机械碰撞、触电、烧伤、烫伤、冻伤、中毒、坠落等危险。作业场所必须正确张贴或摆放相应的安全警告标志及指示标志，准备好消防灭火器等事故急救设施设备及基础的医疗急救用品。

想一想

这里所说的化学防护主要针对哪一个操作环节？

二、安装与维修作业场所有哪些安全标志要牢记？

根据我国国家标准《安全标志及其使用导则》的规定，由图形符号、安全色、几何形状（边框）或文字构成的用以表达特定安全信息的标志称为安全标志。制冷与空调系统安装与维修作业场所的安全标志可分为提示标志、禁止标志、警告标志和指令标志四类。

1. 提示标志

方形，由白色图形符号及文字和绿、红色背景构成，如图 1-1-1 所示。表示示意目标的方向或方位。

想一想

作业过程中还有哪些常见的提示标志？

图 1-1-1　提示标志

2. 禁止标志

由带斜杠的圆环和相关图案构成，如图 1-1-2 所示。其中圆环与斜杠相连，用红色，图形符号用黑色，背景用白色。表示不准或制止人们的某些行动。

想一想

作业场所中哪些地方会出现禁止烟火标志？

图 1-1-2　禁止标志

3. 警告标志

由黑色正三角形和相关图案构成，如图 1-1-3 所示。其中图形符号用黑色，背景用黄色。表示警告人们可能发生的危险。

![警告标志：危险气瓶放置区、当心高温、当心冻伤、注意气瓶]

图 1-1-3　警告标志

4. 指令标志

圆形，如图 1-1-4 所示。其中图形符号用白色，背景用蓝色。表示必须遵守图示里的指令。

想—想

若作业场所悬挂有必须戴防尘口罩标志，未按规定佩戴口罩会出现什么后果？

图 1-1-4　指令标志

三、常见的压力容器有哪些？分别会出现哪些安全问题？

压力容器，又称为受压容器。广义的压力容器包括所有承受压力载荷的密闭容器。但在工业生产中，承载压力的容器很多，其中只有一部分相对来说容易发生事故，且事故的危害性较大。所以许多工业国家就把这类容器作为一种特殊设备，按规定的技术管理规范进行设计、制造、安装、使用、改造、检验和修理，并规定必须由专门的机构进行监管。

我国《固定式压力容器安全技术监察规程》中规定，受监管的压力容器应同时具备以下三个条件。

（1）工作压力 ≥ 0.1 MPa。

（2）容积 ≥ 0.03 m³ 且内直径（非圆形截面指截面内边界最大几何尺寸）≥ 150 mm。

（3）盛装介质为气体、液化气体及介质最高工作气温高于或者等于其标准沸点的液体。

想—想

日常生活中常见的不需要被监管的压力容器有哪些？

压力容器可分为外压容器与内压容器。内压容器又可按设计压力（P）的大小分为四个压力等级，具体划分如下。

（1）低压（代号 L）容器，0.1 MPa ≤ P < 1.6 MPa。

（2）中压（代号 M）容器，1.6 MPa ≤ P < 10 MPa。

（3）高压（代号 H）容器，10 MPa ≤ P < 100 MPa。

（4）超高压（代号 U）容器，P ≥ 100 MPa。

制冷与空调系统安装与维修常用的压力容器如图 1-1-5 所示。

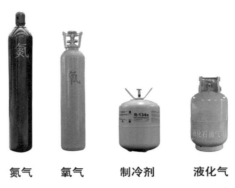

氮气　　　氧气　　　制冷剂　　　液化气

图 1-1-5　常见的压力气瓶

按照压力容器在生产工艺过程中的作用原理，又可具体划分如下。

（1）反应压力容器（代号 R），用于完成介质的物理、化学反应。

（2）换热压力容器（代号 E），用于完成介质的热量交换，工业用大型换热器如图 1-1-6 所示。

（3）分离压力容器（代号 S），用于完成介质的流体压力平衡缓冲和气体净化分离。

（4）储存压力容器（代号 C，其中球罐代号 B），用于储存或盛装气体、液体、液化气体等介质。

图 1-1-6　大型冷凝器

提示

使用压力容器要注意压力容器的工作压力（设备压力）不得高于最高工作压力；装有安全泄放装置的压力容器，其设备压力不得高于安全泄放装置的开启压力或爆破压力。

请注意，出现下列情况时，操作人员应当采取紧急措施停止压力容器运行，并立即报告相关安全负责人和部门。

（1）容器工作压力、工作温度或壁温超过许用值，采取各种措施仍不能使之正常。

（2）容器主要承压元件出现裂纹、鼓包、变形、泄漏等情形。

（3）安全附件或主要附件失效，接管端断裂，紧固件损坏，难以保证安全运行。

（4）发生火灾或其他意外事故已直接威胁容器正常运行。

为了确保压力容器的安全运行，预防它们由于超压而发生事故，除了从根本上采取措施，杜绝或减少可能引起容器产生超压的各种因素以外，在压力容器上还需要装有安全泄放装置，如图 1-1-7 所示。

另外，为确保压力容器使用及存放安全，还应当按时检查压力表洁净度及测量精度是否符合规定，如图 1-1-8 所示。出现下列情况时，应及时更换压力表。

（1）无压力时，指针不能归零。

（2）表盘玻璃破裂或表盘刻度模糊不清。

（3）封印损坏或超过校验有效期。

（4）压力表指针松动或断裂。

（5）有其他影响压力表准确指示的缺陷。

想一想

压力容器的检查周期应该间隔多长时间？

图 1-1-7　安全阀

图 1-1-8　压力表

四、动火作业中的安全防范应遵循哪些基本原则？

制冷与空调系统安装与维修作业过程中的动火作业环节为焊接，如图 1-1-9 所示，作业过程中涉及使用氧气、丙烷、液化气等危险化学品。焊接作业过程中可产生的风险有燃烧起火、爆炸、高温缺氧等。

在动火作业现场，氧气瓶、乙炔气瓶及液化气瓶的摆放间距不得小于 5 m，气瓶与动火作业点须保持不少于 10 m 的安全距离。

重复使用的气瓶不能全部用完，必须保持一定的余压，一般不低于 0.05 MPa，主要是防止外部杂质进入气瓶，以及后续充气操作时需要利用余压气体吹扫连接管道，防止杂质进入气瓶，造成危险。

焊接作业完成后，应点燃焊炬排空管道内残余燃气，避免其进入大气造成危险。动火作业结束后，操作人员必须对周围现场进行安全确认，整理整顿现场，在确认无任何火源隐患的情况下，方可离开现场。作业现场必须正确配置有效的消防安全设施。

想一想

动火作业现场的压力气瓶可以横卧摆放吗？

想一想

制冷与空调系统安装与维修作业场所中对灭火器的配备是否有密度要求？

图 1-1-9　焊接工作现场

五、登高作业中的安全要求有哪些?

我国国家标准《高处作业分级》规定:凡在坠落高度基准面 2 m 以上(含 2 m)有可能坠落的高处进行作业称为高处作业。

登高作业高度设四个区域,分别为 2~5 m、5~15 m、15~30 m 及 30 m 以上。登高作业可发生的风险包括操作人员坠落与工具及材料物品坠落砸伤、砸死他人等。

登高作业时搭设的脚手架、工程梯、防护栏必须符合相关安全规程,作业使用的工具、材料、零件必须装入工具袋,作业人员上下时手中不得持物,不准空中抛接工具、材料及其他物品。

登高作业下方严禁站人,若与其他作业交叉进行,必须按照指定路线上下,采取可靠防范措施,设安全隔离层,否则不准作业;如遇暴雨、大雾、六级以上大风等恶劣气象情况,应停止登高作业。

在登高作业前,应充分检查作业点的脚手架、栏杆、平台、梯子是否坚固。使用梯子进行登高作业时,要确保梯子放置平稳并设防滑装置,梯子夹角以 60°~70° 为宜;梯子不得垫高使用,梯子踏步不得缺失;作业点以下的危险地面要划定禁区,挂"禁止通行"警告牌,如图 1-1-10 所示。

图 1-1-10 登高作业现场

六、安装与维修过程中用电的常规安全规范有哪些?

在制冷与空调系统安装与维修作业过程中一般使用 220 V 电源、16 A 三插单相插座(2000 W)和 10 A 二三插单相插座(1000 W)或 380 V 三相电源。

在用电过程中,所有带有外露端子的电气设备,如电缆终端和接线盒,必须加装安全外壳装置(电箱),如图 1-1-11 所示,以防溢出的液体接触导致漏电事故。

电箱内开关电器必须完好无损,接线正确,并设置漏电保护器。配电箱设总熔丝、分开关,动力和照明线路必须分别独立设置。金属外壳电箱必须做接地或接零保护。开关箱与用电设备实行一机一闸保险。

用电现场应悬挂或摆放用电警告标志,以提示操作人员预防人身触电事故与漏电火灾事故;离开作业现场必须断电。

图 1-1-11　电箱及漏电保护器

七、作业用化学制剂存放应遵循哪些安全原则?

制冷与空调系统安装与维修作业中涉及的化学制剂主要有两大类,一类是焊接所用的液化气、乙炔、氧气,另一类是不同种类的制冷剂。

液化气、乙炔及氧气钢瓶存放的场地周围不得同时存放易燃易爆物品,库内温度不得超过 30℃,距离热源、明火 10 m 以外,瓶嘴阀门朝同一方向以防止相互碰撞、损坏和爆炸。

制冷剂的钢瓶主要有一次性使用和重复使用两种。重复使用的钢瓶制冷剂不能互相调换使用;制冷剂钢瓶按照安全性分为不同涂装颜色,存放制冷剂的钢瓶要根据相关安全技术要求进行分类存放,切勿放在太阳下暴晒和靠近火焰及高温的地方;在移动过程中要防止钢瓶相互碰撞,以免发生爆炸的危险。制冷剂的充注量一般只能占钢瓶容积的 80% 以下。

想一想

制冷与空调系统安装与维修过程中哪些作业环节及工具需用电?

想一想

请仔细观察各种气瓶,瓶身上涂装不一样的颜色有何作用?

想一想

为什么钢瓶中的液体充注量不能超过 80%?

🏆 **活动**

活动一: 压力容器作业场所安全检查

安装与维修人员开始作业前应当先检查压力容器作业场所的安全防护措施是否到位,检查步骤如下。

1. 检查压力容器注册铭牌、使用合格证等相关资料是否齐全。

2. 巡视、检查压力容器的外观是否完好无损,安全附件、装置是否符合要求,管道接头、阀门是否泄漏,操作工艺指标及最高工作压力、最高/最低工作温度是否符合规定。

3. 分辨清楚压力容器、连接压力管道接口及阀件的安装方向,以防操作失误而带来不必要的损失。

4. 检查压力表洁净度及测量精度是否符合规定。

提示

可采用听辨法或泡沫检漏法来快速判断管道接头和阀门是否存在泄漏。

5. 检查压力容器有无完整的技术档案, 其中包括:

（1）容器合格证;

（2）容器存储技术文件;

（3）安全装置及附件校验、容器检验记录;

（4）事故情况与事故预防措施等。

完成了压力容器操作前的安全检查, 确定排除了安全隐患, 就可以开始正常使用了, 如图 1-1-12 所示。

图 1-1-12　压力容器检查

活动二: 动火作业场所安全防护

安装与维修人员开始动火作业（焊接）前应当先确定作业场所的安全防护措施是否到位, 具体可以从以下几个方面进行检查与判断。

1. 确认现场作业场所的安全, 明确作业区域规定范围内严禁存在任何可燃物, 动火区域保持整洁且通风良好。

2. 检查氧气瓶口及减压阀阀门处, 确保不沾染油脂、油污。

3. 检查气瓶、减压阀、胶管、焊炬等器具, 确保完好。

4. 场地区域内消防设施齐全、完好。

确认所有与动火作业有关的设施设备都处于安全及正常可操作的状态, 方可进行正常的动火作业, 如图 1-1-13 所示。

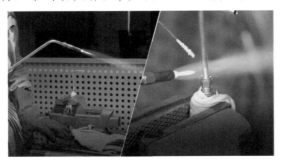

图 1-1-13　焊接现场

活动三：登高作业场所安全防护

安装与维修人员在开始登高作业前应当先确定作业场所的安全防护措施是否到位，具体操作步骤如下。

1. 检查作业点的脚手架、栏杆、平台、梯子及其防滑装置的安全性。
2. 确认已悬挂或摆放"禁止通行"警告牌。
3. 检查登高防护设施及个人防护器具是否齐全、有效。

确认登高作业场所安全后，才可继续进行下一步登高操作。

 **总结评价**

世界技能大赛的评价分为两种：测量和判断。根据本任务的操作情况、任务完成的过程和质量评价要求，本任务评分标准详见表 1-1-1。

表 1-1-1　任务评价表

序号	评价项目	评分标准	分值	得分
1		正确张贴与摆放安全警示标志，遗漏或放错安全标志的每次扣 0.2 分，直至本项分数扣完	1	
2	场所安全检查	作业场所通道无障碍，场所或通道中每发现一个障碍物扣 0.2 分，直至本项分数扣完	1	
3		检查场所监控是否已达到全覆盖无死角，漏检未覆盖区域每个扣 0.2 分，直至本项分数扣完	1	
4		检查是否已安装探测式消防安全警报，未检或漏检的本项不得分	1	
5	压力容器安全检查，保压压力调节操作	完整检查压力容器的安全性并正确记录，检查过程若出现不符合操作规范的动作，每次扣 0.2 分，记录填写错误的扣 0.5 分，直至本项分数扣完	1	
6	危化品存放	正确存放危化品储罐，操作符合规范，气瓶摆放位置和安全距离不正确的每个扣 0.2 分，直至本项分数扣完	1	

想一想

不同季节与天气条件下登高施工时，应当注意重点检查哪些安全措施？

（续表）

序号	评价项目	评分标准	分值	得分
7	工具使用	保持工具设备置于安全位置或处于安全状态；不会导致火灾、漏电、场所电路中断和危害人身安全等情况，每存在一个安全隐患扣1分，直至本项分数扣完	2	
8	急救措施安全检查	正确设置消防安全设施，检查消防器材的有效性，漏检或检错的本项不得分	1	
9		正确设置安全急救设施，检查安全急救设施的有效性，漏检或检错的本项不得分	1	
		总分	10	

试一试

请说一说作业场所安全防护中哪些评价指标最重要。

你的制冷与空调系统安装与维修作业场所安全防护检查是否符合健康安全环境防护的要求与标准？请对照评分表中的失分项目进行分析，并写出失误原因。

_____

_____

_____

 拓展学习

室内作业场所消防安全设计

室内作业场地应明确设置消防设施、疏散指示标志、安全出口、疏散出口、疏散走道和防火分区、防烟分区等。

作业场地内部消火栓箱（门）不应被装饰物遮掩，四周的装修材料颜色应与消火栓箱（门）的颜色有明显区别或在消火栓箱（门）表面设置发光标志。

想一想

我们平时看见的安全出口标志是用何种材料制成的？它们需要符合哪些要求？

疏散通道和安全出口的顶棚、墙面不应采用影响人员安全疏散的镜面反光材料。建筑的水平疏散走道和安全出口的门厅，其顶棚应采用难燃装修材料，其他部位应采用不低于低可燃的装修材料。消防水泵房、机械加压送风排烟机房、固定灭火系统钢瓶间、配电室、储油间、通风和空调机房等，其内部所有装修均应采用难燃装修材料。

 思考与练习

1. 制冷与空调系统安装与维修作业现场的工具、零部件及材料应该放置于何处才算是安全位置?

2. 你作为现场操作人员,发现动火作业现场未配备合格灭火器,应该如何处理?

3. 技能训练

(1)请指出图 1-1-14 至图 1-1-16 中不符合制冷与空调维修作业场所安全标准的因素。

想—想

图 1-1-14 中的压力容器除了有摆放形态的要求,在作业场所放置时还需要考虑哪些安全因素?

图 1-1-14 压力容器的摆放

安全隐患:＿＿＿＿＿＿＿＿＿＿＿＿＿＿＿＿＿＿＿＿＿＿＿＿

＿＿＿＿＿＿＿＿＿＿＿＿＿＿＿＿＿＿＿＿＿＿＿＿＿＿＿＿＿＿＿＿

图 1-1-15 接线图

想—想

制冷与空调系统安装与维修作业场所一般放置哪一类灭火器?

安全隐患:＿＿＿＿＿＿＿＿＿＿＿＿＿＿＿＿＿＿＿＿＿＿＿＿

＿＿＿＿＿＿＿＿＿＿＿＿＿＿＿＿＿＿＿＿＿＿＿＿＿＿＿＿＿＿＿＿

图 1-1-16　消防灭火器

安全隐患：＿＿＿＿＿＿＿＿＿＿＿＿＿＿＿＿＿＿

＿＿＿＿＿＿＿＿＿＿＿＿＿＿＿＿＿＿＿＿＿＿＿

（2）完成压力容器检查并填写压力容器检查记录表。

表 1-1-2　压力容器检查记录表

检查部门				
检查时间			检查人员	
序号	检查项目与内容		检查结果	备注
1	技术资料	压力容器使用登记证、注册证件、质量证明书、出厂合格证、年检报告		
2	压力容器外观	压力容器本体、接口等部位无裂纹、变形、过热、泄漏等缺陷		
2	压力容器外观	无腐蚀现象		
2	压力容器外观	相邻管件或构件无特别振动、响声或相互摩擦等现象		
3	安全附件	安全阀		
3	安全附件	压力表		
3	安全附件	爆破片		
3	安全附件	紧急切断装置		
4	其他	介质软管		

任务 2 个人安全防护

 学习目标

1. 能根据不同的工作任务正确选择个人安全防护用品与设备。
2. 能规范穿戴个人安全防护用品。
3. 能遵守任务实施过程中的安全操作规范。
4. 能养成注意自身安全防护的同时也注重保护他人的安全行为习惯,提高在工作中一丝不苟、细致严谨的工匠精神与职业素养。

 情景任务

在师傅的带领下已经顺利进行了作业场所的安全检查,掌握了如何布置好安全的作业场所。接下来要在师傅的带领下完成规范穿戴个人安全防护用品、正确使用安全防护工具等个人安全防护任务。

 思路与方法

在制冷与空调系统安装与维修作业中,不同的工作环节与作业场所需要不同的安全防护设施。应该从以下几个方面来思考与落实个人的安全防护。

一、制冷与空调系统安装与维修需要哪些个人防护用品?

在制冷与空调系统安装与维修过程中,个人需要的安全防护用具详见表 1-2-1。

表 1-2-1 个人安全防护用具

防护用具	防护目的	防具材质	图示
安全帽	防止头部受到外物打击及电击,或高处坠落时缓冲头部受到的伤害	高密度聚乙烯、ABS、玻璃钢维尼纶纤维	

提示

安全防护用品的穿戴顺序为:
(1)呼吸系统防护;
(2)头部防护;
(3)躯干防护;
(4)眼睛及面部防护;
(5)手部防护。

（续表）

想一想

为什么制冷与空调系统安装与维修过程中使用的劳防服没有短袖配置？

防护用具	防护目的	防具材质	图示
安全工作服	防水、防尘、防油、耐热、耐化学药物、护肤保洁	涤卡面料、纯棉面料	
护目镜	保护眼睛免受粉尘、烟尘、化学溶液、金属及作业材料碎屑的侵入伤害	PC 塑料	
	焊接时避免高温、强光和飞溅金属的伤害	遮光玻璃	
防护面罩	屏蔽面部，保护面部免受飞来的金属碎屑、有害气体喷溅及熔融金属和高温溶剂飞沫的伤害	有机玻璃	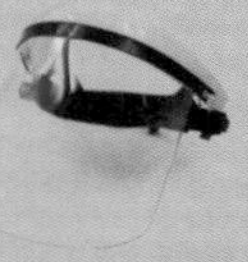
口罩	防止粉尘吸入	无纺布、熔喷布	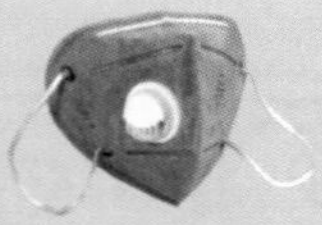
耳塞	在噪声 >85 分贝的情况下避免听力受损	硅胶、低压泡沫、高弹性聚酯材料	
耳罩		塑胶海绵	
手套	绝缘手套：防电、防水、耐酸碱、防油	橡胶	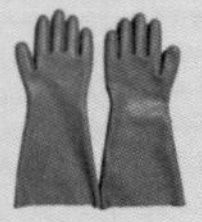
	防割手套：防割、防戳、耐磨	高强高模聚乙烯纤维	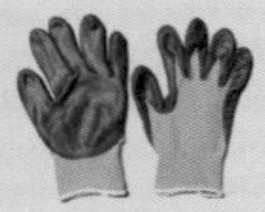
	焊接手套：耐高温，隔热、阻燃	石棉纤维、碳纤维、玻璃纤维	

想一想

作业时耳塞和耳罩可以互相替代吗？

（续表）

防护用具	防护目的	防具材质	图示
手套	防冻手套：抵御低温，防护少量液态制冷剂的泼溅	外层PVC，内层聚氨酯保温材料	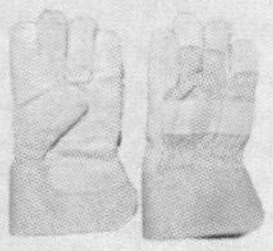
劳防鞋	绝缘、耐酸碱、耐油、防滑、防水	鞋面一般为柔软皮料，鞋底一般为橡胶、聚氨酯	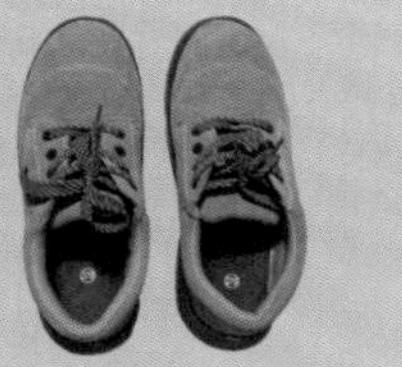
	防砸，保护足趾、足底防穿刺	鞋面一般为柔软的天然皮革，鞋前包头有抗冲击材料，鞋底为橡胶、聚氨酯、钢片，抗穿刺力≥780N	

想一想

为什么穿劳防鞋会感觉比穿一般运动鞋重？

二、在作业过程中预防触电的安全操作要求有哪些？

电气安装作业过程中，必须认清安全用电标志，成套正确穿戴安全工作服，戴干燥的绝缘手套，穿绝缘鞋，做好个人的防触电保护。禁止用湿手或潮湿的手套接触电器，需要移动设备时应先切断设备的电源。

想一想

使用兆欧表时可以不戴绝缘手套吗？为什么？

三、进行制冷剂操作时应遵循哪些安全规范？

进行制冷剂操作时，操作人员必须牢记并遵从以下注意事项。

（1）严格遵守持证上岗操作要求，不但要了解操作环境的情况，还要做好操作环境的管理工作。

（2）做好个人防护，按照操作要求穿戴安全工作服，佩戴护目镜、防冻手套。

（3）了解并掌握制冷剂安全分类，对于易燃易爆、涉高压、涉毒制冷剂，必须做好相应的技术储备，遵守相关的操作规程，落实应急操作预案。

（4）在实际操作中树立环保意识，严禁直接向环境排放有危害的制冷剂，须回收多余制冷剂，如图1-2-1所示。

查一查

残余的制冷剂回收时可以将不同种类的制冷剂混装在一起吗？为什么？

图 1-2-1　制冷剂回收作业现场

四、登高作业需要做好哪些个人安全防护？

登高作业个人安全防护用具包括安全帽、安全工作服、防滑鞋等。

安全带是高处安装空调等设备作业中必须使用的一种安全工具，了解安全带的构造与正确使用方式才能避免登高作业时发生不必要的事故。安全带由腰带、钳制绳和金属配件组成，结构形式包括单腰带式、单腰带加双背式、单腰带加双腿带式三种，如图 1-2-2 所示。根据我国国情和使用习惯，标准绳长限制在 $1.5 \sim 2 \, \text{m}$。

提示

登高作业时一般需要有人监护，以保护操作人员。

（a）单腰带式　　　　（b）单腰带加双背式　　　（c）单腰带加双腿带式

图 1-2-2　登高作业安全带

安全带拴挂的方法有水平拴挂和高挂低用两种。可以根据具体情况正确选择佩戴方式。

活动一：劳防用品的规范穿戴

1. 规范穿戴全套安全工作服

（1）选择适合自己身材的工作服，不能过大，也不能紧绷或过小。

（2）检查工作服是否有损坏，有损坏则需要修补后方可穿戴。

（3）穿戴工作服上衣，胸扣、袖扣要扣好，手臂不能裸露在外。

（4）穿戴工作服下衣，要系好腰带，裤子不能松散，裤脚垂下不能卷起，脚踝不能裸露在外。

提示

穿好工作服后应适当舒展身体，确保穿戴后活动不受限制及影响。

2. 规范穿劳防鞋

（1）选择适合自己尺码的劳防鞋。

（2）劳防鞋须完整覆盖并包裹住脚部，同时系紧鞋带或安全搭扣，鞋带不宜过长，不能垂至地面，如图 1-2-3 所示。

图 1-2-3　规范穿劳防鞋

3. 规范佩戴安全帽

（1）挑选合适尺寸与材质的安全帽。

（2）调整安全帽的方向，正对头顶戴好。

（3）按照个人头围大小调节安全帽后箍，不宜过紧或过松。

（4）调节下颚带，将安全帽固定在头部，下颚带不宜过紧或过松，如图 1-2-4 所示。

图 1-2-4　规范佩戴安全帽

4. 规范佩戴防尘口罩

（1）挑选适合脸型的口罩。

（2）将口罩无鼻夹一侧覆盖住口鼻，口罩两侧两耳带向后挂在耳朵上，调整耳带至感觉舒适。

（3）将鼻梁条按鼻型固定，以防脏空气与粉尘进入。

（4）调整口罩覆盖范围，确保面部有立体呼吸空间，如图 1-2-5 所示。

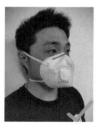
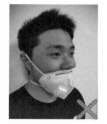

图 1-2-5　规范佩戴防尘口罩

查一查

请查一查工业防尘口罩与我们日常佩戴的防护口罩有何区别。

19

提示

耳塞可清洗后重复使用，避免浪费。

5. 规范佩戴耳塞

（1）洗净双手，将耳塞圆头部分捏扁搓细。

（2）将耳朵向上、向外拉起，将耳塞的圆头部分塞入耳中。

（3）轻按耳塞 30 秒至耳塞完全膨胀定形。

（4）若佩戴耳罩，则须将耳罩完整覆盖于双耳上，双耳不可暴露在外。

活动二：不同工作任务中的个人安全防护用品配置

不同工作任务中个人安全防护用品的配置详见表 1-2-2。

表 1-2-2　不同工作任务中个人安全防护用品配置

工作任务与场景	个人安全防护用品选择
焊接作业： 1. 规范成套穿着工作服 2. 规范穿着劳防鞋 3. 规范佩戴隔音耳塞、耳罩 4. 规范佩戴滤光护目镜 5. 规范佩戴焊接手套	防护眼镜　　耳罩 电子点火器 焊接手套 劳防鞋
电气安装作业： 1. 规范成套穿着工作服 2. 规范穿着绝缘劳防鞋 3. 规范佩戴绝缘手套	 绝缘手套 劳防鞋
管道及系统作业： 1. 规范成套穿着工作服 2. 规范穿着劳防鞋 3. 规范佩戴平光护目镜，镜面干净不遮挡视线 4. 规范佩戴防割手套	 护目镜 防割手套 劳防鞋

想一想

钎焊时为什么要用电子点火器而不用传统点火方式？

提示

做电气安装精细动作时可选择市场上符合安全规范但更加轻薄的绝缘手套。

（续表）

工作任务与场景	个人安全防护用品选择
制冷剂充注作业： 1. 规范成套穿着工作服 2. 规范穿着劳防鞋 3. 规范佩戴防护面罩，完整保护整个面部 4. 规范佩戴防冻手套	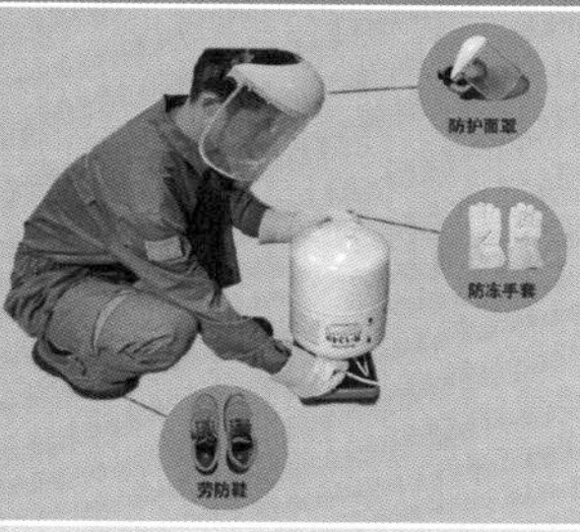
高处作业： 1. 规范成套穿着工作服 2. 规范佩戴安全帽 3. 规范穿着劳防鞋 4. 规范穿着高处作业安全带 5. 系紧腰间工具袋并确认工具已安全放置在袋中固定位置上 6. 规范佩戴防割防滑手套	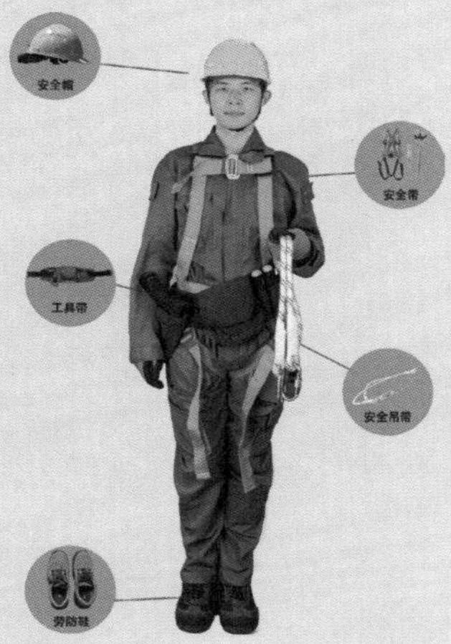

想一想

登高作业时为何不适合佩戴普通纱线手套？

总结评价

个人安全防护作为世赛项目安全考核模块，评价聚焦于操作过程的安全规范性。根据世界技能大赛相关评分细则，本任务对个人防护操作和规范性操作进行独立评价，评分标准详见表1-2-3。

表1-2-3 任务评价表

序号	评价项目	评分标准	分值	得分
1	个人安全防护	按正确的顺序穿戴个人安全防护用品，顺序每错一步扣0.3分，直至本项分数扣完	1	
2		正确穿着劳防服，上衣扣子未扣好每颗扣0.1分，腰带未系好扣0.1分，裤脚未按要求放平每只扣0.1分，直至本项分数扣完	0.5	

（续表）

序号	评价项目	评分标准	分值	得分
3	个人安全防护	正确佩戴安全帽，佩戴方向错误扣 0.2 分，后箍未适当调节扣 0.2 分，下颚带过松扣 0.2 分，直至本项分数扣完	0.5	
4		正确佩戴护目镜，护目镜未完全遮挡住眼部的不得分	0.5	
5		正确佩戴耳塞、耳罩，耳塞未将圆头部分充分塞入耳中或耳罩未完全遮挡住耳部的不得分	0.5	
6		正确佩戴口罩，口罩不完全贴合面部并遮挡住口鼻的不得分	0.5	
7		正确穿着劳防鞋，鞋带未正确系好或安全扣未扣好的每只扣 0.2 分，鞋码选择过大或过小的均不得分	0.5	
8		按照正确顺序穿戴安全带，D 形环未扣、安全扣未扣紧或遗漏的均不得分	0.5	
9		正确选择及佩戴手套，选错手套类别或未按规范正确佩戴手套的均不得分	0.5	
10	遵守安全操作规范	安全使用符合标准的工具，每次操作错误扣 0.5 分，直至本项分数扣完	1	
11		作业过程中无违反安全操作规程的动作出现，每出现一次违规动作扣 0.2 分，直至本项分数扣完	1	
12		离开作业现场及作业结束时断电，关闭万用表、兆欧表、电流表、试电笔、温度计、电子秤、电子歧管仪、真空仪等。每出现一种未关闭或断电的工具扣 0.2 分，直至本项分数扣完	1	
13		作业结束时将所有工具材料整齐摆放回安全位置，每出现一种未整理收纳的工具或材料扣 0.2 分，直至本项分数扣完	1	
14		离开作业现场及作业结束时检查并确认所有压力容器阀门均处于正常状态，每发现一个阀门未关闭扣 0.5 分，直至本项分数扣完	1	
总分			10	

想一想

执行什么任务时个人安全防护应选择穿着防穿刺劳防鞋？

想一想

安全操作规范要求操作完毕后场地要恢复原样、工具要归位，其中所说的工具主要包括哪些？

你在制冷与空调系统安装与维修时的个人安全防护是否符合健康安全环境防护的要求与标准？请对照评分表中的失分项目进行分析，并写出失误原因。

_____

_____

_____

散热风扇和电动工具安全使用操作规范

制冷与空调系统安装与维修作业中会用到散热风扇、冲击钻等手持式电动工具，在使用过程中须严格遵守安全操作规范，以免造成伤人事故。

工业用散热风扇必须加装防护罩，以防止手指触及旋转部位。

电动工具在使用过程中须遵守以下操作规范。

（1）必须穿紧身防护服，袖口不要敞开。

（2）头发要收在防护帽内，不要散落在外。

（3）操作时禁止戴围巾、不防滑的手套。

（4）工具高速旋转时要戴防护眼镜及防尘口罩。

（5）严禁在不停机状态下装夹工件，严禁用榔头敲打工件。

（6）电动工具运转过程中不准用手清除切屑。

思考与练习

1. 登高安全带背后 D 形环上的安全吊带挂扣应该扣在什么位置？

2. 可以使用电动工具紧固非金属紧固连接部件或电气端子吗？

3. 技能训练

（1）正确佩戴耳塞、口罩及安全帽。

（2）正确穿戴登高作业安全带。

想—想

如果由你来进行制冷剂充注操作，你认为如何防护才能确保安全？

任务 3　作业风险应急处理

 学习目标

1. 能按照要求进行危险品和废料的存放与检查。
2. 能熟练使用灭火器。
3. 能处理触电事故。
4. 能树立积极防灾、减灾和保护国家财产安全的意识，合理制定应急预案。

 情景任务

　　在前面的两个任务中，已经学习掌握了制冷与空调系统安装与维修应该具备的场所安全与个人安全防护知识，接着可以进行安装与维修的下一步工作。但作为初到岗位的操作员，还需要认真学习基本的作业风险应急处理的知识和方法，才能在事故发生时及时正确地处理，尽量减少人员伤亡及财产损失。

 思路与方法

　　在制冷与空调系统安装与维修作业中，事故风险隐藏在众多复杂的作业环节与操作程序中。在坚持"预防为主"安全原则的前提下，还要针对场所存在的风险及发生事故的可能性设置应急预案。

想一想

还有哪些因素会导致风险与事故？

一、制冷与空调系统安装与维修操作中常见的风险和事故有哪些？

　　制冷与空调系统安装与维修作业中存在的主要风险与事故包括：漏电或触电导致的伤人事故及容器爆炸事故，制冷剂大量泄漏导致的皮肤冻伤、呼吸中毒及爆燃事故，焊接等动火作业引发的起火事故及烫伤事故，管道组件制作过程中的割伤、砸伤等人身伤害事故，登高作业中的坠落、砸伤等人身伤害事故。

二、制冷剂使用、储存与回收的安全防范要求有哪些?

制冷与空调系统安装与维修作业过程中涉及的各种制冷剂均为化学品,不同制冷剂具有不同的化学性质与物理特性。为了安全使用、储存与回收,必须对常用制冷剂的安全性能进行了解。

1. R134a

R134a 分子式为 CH_2FCF_3(四氟乙烷),毒性非常低,对皮肤和眼睛无刺激,不会引起皮肤过敏,在空气中不可燃,是很安全的制冷剂。但其在空气中暴露时含有微毒,故作业场所应通风良好,储存在钢瓶内的是被压缩的液化气体。

2. R410A

R410A 外观无色,不浑浊,易挥发,微毒,在空气中不可燃。其在常温常压下是一种不含氯的氟代烷非共沸混合制冷剂,无色气体,储存在钢瓶内的是被压缩的液化气体。

制冷剂的钢瓶分为一次性和专用储存钢瓶,都必须遵守压力容器管理规定,不得使用未经认证的钢瓶或气罐。一次性钢瓶不得重复使用,严禁钢瓶混装制冷剂。在存放钢瓶气罐的区域内不准堆置可燃物、焊接、明火作业、吸烟等。空瓶与实瓶应分开放置,并有明显标志。产生毒物的气瓶应分室存放,并在附近设置防毒用具或灭火器材。

三、作业场所起火时的消防灭火方式有哪些?

制冷与空调系统安装操作中许多环节都可能引发起火事故,包括焊接起火、带电设备或电线短路起火等。不同的起火原因需要用不同的灭火扑救方法。常见的灭火器及灭火毯如图 1-3-1 所示。

焊接起火时属于固体物质火灾,应选用水、泡沫、磷酸铵盐干粉、卤代烷型灭火器、六氟丙烷灭火器、灭火毯等进行灭火扑救。

带电设备或电线短路起火时应选用卤代烷型灭火器、二氧化碳、干粉型灭火器、六氟丙烷灭火器等进行灭火扑救。

（a）二氧化碳灭火器　　（b）干粉灭火器　　（c）水基型灭火器　　（d）灭火毯

图 1-3-1　常见灭火器及灭火毯

消防扑救中正确使用灭火器的步骤如下。

（1）站在距火源 2~3 m 的地方，拉下手柄上的安全销。

（2）牢牢握住灭火器，将喷嘴对准火焰的根部。

（3）挤压手柄，将灭火剂喷入火焰中。

四、防范电气操作事故的方法有哪些？

电气设备安装与调试过程中应掌握"望闻问切"，以保证人身与设备的安全。"望"就是详细检查电气设备外观接线，注意观察电气设备处于通电还是断电状态，观察设备和人员的安全状态；"闻"就是在通电后闻有无异味，听有无异常声响，若有则应及时切断电源，检查气味和声响来源；"问"就是询问故障现象，查出故障原因；"切"就是及时切断电源，分析故障原因，及时排除故障，做到正确处理，防患于未然。

触电事故的现场急救是整个触电急救工作的关键，急救流程如图 1-3-2 所示。触电事故的现场处理可分为三个步骤：立即解脱电源、迅速简单诊断、现场对症处理。

解脱电源的方法有：切断电源、用绝缘物移去带电导线、用绝缘工具切断带电导线、拉拽触电者的衣物使之摆脱电源。

迅速简单诊断包括：判断触电者是否神志模糊、丧失意识，让触电者保持复苏体位，开放气道，判断是否有呼吸、心跳等生命体征。

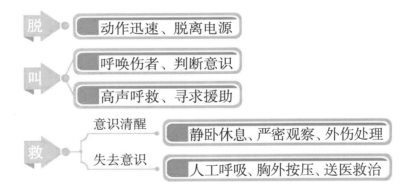

图 1-3-2　触电事故急救流程图

现场对症处理包括：心肺复苏术、局部外伤处理。

心肺复苏的过程，须由胸外按压与人工呼吸交替进行，一共做 5 个周期；每个周期胸外按压 30 次，口对口人工呼吸 2 次，即按照 30：2 的比例进行。做胸外按压时，两手掌根部重叠于胸骨中下三分之一交界处；手指必须向上抬起，不能触及伤者胸壁；肘关节伸直，借助身体之重力向伤者脊柱方向按压。

提示

解脱电源时必须动作迅速，谨防触电者遭受二次伤害，也要注意保护自身安全。

想一想

可以用什么方法迅速判断触电者是否神志模糊、丧失意识？

想一想

施行心肺复苏术时手掌按压的力道应如何控制？

局部外伤处理时应遵循以下原则：

（1）伤处制动。受伤后如果勉强持续活动，不仅会延误治疗，还会加重伤情。因此，伤者必须保证伤处休息制动，必要时上肢用三角巾固定，下肢用简易夹板固定支撑。

（2）冰敷。伤后肿胀主要是因微血管破裂和组织液渗出引起的，冰敷可以促使破裂的微血管收缩从而停止出血，减轻继续肿胀。

（3）止血。如果伤者有活动性出血症状，应加压包扎止血，可用弹性绷带包扎伤口，或者用干净毛巾等物品直接用手按压伤口止血。

局部外伤若超出自己能处理的范畴则须尽快送医，以确保伤者的病情得到迅速控制和处理。

五、液态制冷剂喷溅事故会造成哪些危害？

液态制冷剂接触皮肤瞬间蒸发会吸收很多的热量，造成人体局部冻伤或者全身损伤。患者被冻伤的部位会感觉冰凉、麻木，看起来苍白，触摸受伤部位感觉坚硬、伴有灼烧感、起水泡，严重的冻伤会使受伤部位丧失感觉，甚至会有生命危险。制冷剂大量泄漏于空气还可能引起窒息，危及生命。

 活动

活动一：作业过程中气瓶的存放与废弃物处理

1. 将所有存放的气瓶小心安放至固定设施或用绑带固定至指定位置，确保气瓶不会相撞或倾倒，如图 1-3-3 所示。

2. 检查气瓶阀口是否完好，有无油污。

3. 在作业过程中不可将气瓶中的制冷剂排放至大气。

4. 作业过程中产生的木屑、扎带尾等废料必须分类置于垃圾桶内，如图 1-3-4 所示；对铜管、电缆等废料进行回收；对废润滑油、制冷剂残液、玻璃、水银灯残渣等进行特殊处理。

图 1-3-3　气瓶存放区

图 1-3-4　废料分类回收桶

活动二：起火事故应急处理

情况一：钎焊发生回火的处理方法

1. 先迅速关闭焊炬液化气阀门，再关闭氧气阀门。
2. 正确使用消防灭火设备将起火处扑灭。
3. 用通针将焊炬枪嘴中间氧气孔反复捅几下，疏通枪嘴。
4. 打开高压氧阀门，吹走堵塞在枪嘴里的熔渣。
5. 确认无起火隐患后重新点火焊接。

情况二：电线电器起火事故的处理

1. 立即切断电源。
2. 选择正确的灭火器将火扑灭。
3. 视燃烧及灭火情况，及时拨打 119 报警，同时保护好自己的人身安全。

提示

切断电源时不可以用手拉拽电线。

活动三：室内作业常用氟利昂制冷剂大量泄漏事故应急处理

若室内作业遇大量氟利昂制冷剂泄漏，会造成室内制冷剂浓度升高，易引发窒息、起火等危险，一般应急处理步骤如下：

1. 停止设备运行，关闭系统阀门，切断制冷剂泄漏管路，关闭电源。
2. 采用自然通风时可以打开所有门窗，如果条件允许，可启动所有通风系统。
3. 疏散室内人员，救助伤员。
4. 皮肤接触氟利昂出现中毒的人员应立即脱去被污染的衣裤，用微温水冲洗接触到的皮肤，不可以使用热水；若眼睛接触到氟利昂，应立即翻开上下眼睑，用流动清水冲洗 15 分钟后立即就医。

皮肤接触氟利昂发生冷灼伤的患者处理方法如下：

（1）除去所有影响冻伤部位血液循环的衣物。
（2）立即将冻伤部位浸入 38℃~42℃ 的温水中缓解冻伤。
（3）同时，立即将受伤人员送往医院做进一步治疗。
（4）冻伤的组织无疼痛感，呈现苍白、淡黄色的蜡样，冻伤部位恢复需要 15~60 分钟，在皮肤由浅蓝色变成粉红色或红色之前都需要不停加热。

提示

冻伤部位应急处理时不可使用干燥加热的方法，且使用温水缓解冻伤时水温不可超过 45℃，否则会加剧冻伤部位组织的损伤。

活动四：心肺复苏术演练

若操作过程中有人因触电受到伤害并已失去意识，应在第一时间呼救并对伤者实施心肺复苏术抢救，如图 1-3-5 所示，具体操作步骤如下：

1. 置伤者于平卧位，躺在硬板床或地上，去枕，解开衣扣，松解腰带。

2. 救助者站立或跪在伤者身体一侧。

3. 救助者两只手掌根重叠置于伤者胸骨中下三分之一处。

4. 肘关节伸直，借助身体之重力向伤者脊柱方向按压，按压使成人及儿童胸骨下陷至少 5~6 cm 或胸部前后径的三分之一（婴儿约 4 cm）后，突然放松，按压频率 100~120 次 / 分钟。

5. 每按压 30 次，俯下做口对口人工呼吸 2 次（30：2），按压 5 个循环周期（约 2 分钟）对病人作一次判断，主要触摸颈动脉（不超过 5 秒）是否跳动，观察自主呼吸是否恢复（3~5 秒）。

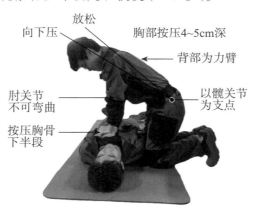

图 1-3-5　心肺复苏术示意图

对制冷与空调系统安装与维修过程中可能发生的安全事故进行分类，按照不同类型事故应急处理的基本要求和世赛管理细则制定评价的基本要求，详见表 1-3-1。

表 1-3-1　任务评价表

序号	评价项目	评分标准	分值	得分
1	触电事故应急处理	事故发生后立即断电，未立即断电的本项不得分	1	
2		若因场地断电、设备故障而导致的关闭设备和电源，须等故障现象消除后方可恢复工作，若在仍有故障现象时即试图恢复工作的本项不得分	1	
3	制冷剂泄漏事故应急处理	若制冷剂不可控制地大量泄漏，条件允许的情况下，先马上关闭所有设备电源、气体开关，未做到的本项不得分	1	

想—想

若制冷剂大量泄漏，会造成何种影响？

（续表）

序号	评价项目	评分标准	分值	得分
4	制冷剂泄漏事故应急处理	保持通风，并迅速离开作业点，未做到的本项不得分	1	
5	起火事故应急处理	会判断起火事故的原因，能及时切断电源、气体开关，未能判断起火事故原因但也及时切断电源及气体开关的扣0.5分，均未做到的本项不得分	1	
6		会使用灭火器、灭火毯扑救初期起火事故	1	
7	应急伤员救治	若发生受伤，必须马上停止工作，并立即通报，未及时通报的扣0.5分	1	
8		会判断伤者的受伤情况，需要时及时送医，未能准确判断伤者情况的本项不得分	1	
9		会进行简单的外伤包扎，包扎过紧或过松的本项均不得分	1	
10		会进行按压式心肺复苏紧急救助，流程或方法错误的本项均不得分	1	
		总分	10	

想一想

如果在作业时不慎将手指划伤一小口，一般进行简单包扎后继续操作是否妥当？正确的处理方式应该是怎样的？

试一试

请按照已经了解的制冷剂泄漏可能造成的后果知识，编制一套制冷剂泄漏事故的处理操作步骤。

你的制冷与空调系统安装与维修事故应急处理是否符合健康安全环境防护的要求与标准？请对照评分表中的失分项目进行分析，并写出失误原因。

_____

_____

_____

拓展学习

一、新型环保制冷剂的安全性

20世纪30年代，随着制冷行业的发展，人们发现和开发出了卤代烃类制冷剂。卤代烃是链状饱和碳氢化合物的氟、氯、溴（卤素）衍生物的总称。按照碳氢化合物中氢元素被卤素元素置换的情况，卤代烃可以分为氯氟烃（CFCs）、氢氯氟烃（HCFCs）和氢氟烃（HFCs）三种。20 世纪 30 年代开发的 CFC-12（R12，CCl_2F_2）和 HCFC-22（R22，$CHClF_2$）以及以后陆续出现的同类产品被统称为氟利昂（Freon）。氟利昂因具有热力性能优良、无毒、不燃、不爆，能适应不同工作温度范围等优点，被全世界制冷空调行业大量、广泛地使用，促进了制冷空调行业的发展。

氟利昂虽然是制冷系统的优良工质，但科学家发现 CFCs 排放到大气中后对地球大气层中的臭氧层有消耗（破坏臭氧层）作用，HCFCs 对大气臭氧层有轻微的破坏作用，而 HFCs 由于不含氯原子，对大气臭氧层没有破坏作用。不过 CFCs、HCFCs 和 HFCs 都会对地球产生温室效应。臭氧层是地球的保持伞，它对太阳辐射的紫外线有很强的吸收过滤作用，如果臭氧层被破坏，将会危及人类的健康和地球的生态系统。而温室效应则会使全球气温变暖、冰川融化、海平面升高、极端气候频发，威胁人类的生存。

为了保护臭氧层和防止地球气候变暖，联合国有关组织召开了一系列会议，制定了一系列措施来控制破坏臭氧层的气体和温室气体的排放，并制定了具体的时间表。其中一项重要的工作就是开发新型制冷剂，用以替代对大气臭氧层有破坏作用和有温室效应的氟利昂。

开发出来的新型制冷剂有四大理想目标：第一，对大气臭氧层没有破坏作用；第二，对地球不会产生温室效应；第三，绝对安全（无毒、不燃、不爆）；第四，具有良好的化学物理性能和热力学性能。为了实现这样的目标，国际上和我国国内都制定了相关的衡量标准。当然，开发出来的实际制冷剂的指标不可能达到理想值，但应尽量与理想值接近，并符合有关标准的规定。

对于制冷剂对臭氧层的破坏程度，国际上提出了破坏臭氧潜能值 ODP（Ozone Depletion Potential）的概念，用来表示 1kg 该化合物释放到大气中损耗臭氧层的程度，并以 CFC-11 的 ODP 值作为基准值 1。常用制冷剂 R12 的 ODP 值也为 1，而 R22 的 ODP 值为 0.05。对于制冷剂的温室效应，国际上提出了全球变暖潜能值 GWP（Global Warming Potential）的概念，用来表示 1kg 温室气体排放到大气后引起全球变暖的程度，并以 1kg CO_2 的 GWP 值作为基准值 1。常用制冷剂 R12 的 GWP 值为 4500，R22 的 GWP 值为 510。

试一试

请说出常见的涉及高压、有毒、易燃易爆的制冷剂名称及其基本参数。

想一想

我们目前使用的氟利昂制冷剂是否都有安全问题？

提示

较高可燃性制冷剂是指满足聚集量、燃烧温度、氧气、点火源等条件就会燃烧、爆炸的制冷剂。

制冷剂的安全性主要取决于毒性和可燃性。对于毒性和可燃性，我国均制定了相关的国家标准。

国家标准《制冷剂编号方法和安全性分类》（GB/T 7778-2017）将制冷剂的毒性分为 A 类（低慢性毒性）、B 类（高慢性毒性）。毒性为 A 类的制冷剂，职业接触限定值 OEL ≥ 400ppm，即当它的平均浓度值大于或等于 $400mL/m^3$（体积分数大于或等于 0.04%）时，对职业人员几乎不产生有害影响。毒性为 B 类的制冷剂，职业接触限定值 OEL < 400ppm，即当它的平均浓度值小于 $400mL/m^3$（体积分数小于 0.04%）时，对职业人员几乎不产生有害影响。该标准将制冷剂的可燃性分为 1（无火焰传播）、2L（弱可燃）、2（可燃）和 3（可燃易爆）四类。根据国家标准对制冷剂毒性和可燃性分类原则，制冷剂的安全性分为 8 个类别，详见表 1-3-2。其中大写英语字母表示毒性，阿拉伯数字表示可燃性。

表 1-3-2　制冷剂毒性安全性类别

	低慢性毒性	高慢性毒性
可燃易爆	A3	B3
可燃	A2	B2
弱可燃	A2L	B2L
无火焰传播	A1	B1

想一想

R32 制冷剂被用来替代 R22 制冷剂，主要基于哪些优点？

随着 CFCs 和 HCFCs 制冷剂逐步被淘汰，原来热物理性能优良、无毒且不燃烧的 CFCs 中的 R11、R12、R114 和 R502 等制冷剂已经被禁用，HCFCs 中的 R22 等也已在不少发达国家中开始被限制。目前被推荐使用的具有优良环境特性的天然制冷剂氨（R717）、CO_2（R744）以及 HC 和 HFC 类等新型制冷剂受到重视。但是这些制冷剂大多涉高压、有毒或易燃易爆等问题。因此，应用国际标准和国家标准对新型制冷剂的安全性进行评估成为制冷行业的首要任务。

二、主要新型制冷剂介绍

1. R32 制冷剂

R32（CH_2F_2，二氟甲烷）是 R22 制冷剂的替代品，其破坏臭氧潜能值（ODP）为 0，全球变暖潜能值（GWP）为 0.11，工作压力与 R410A 基本相当。相同制冷量下 R32 充注量仅为 R22 的三分之二左右；相比于 R290，R32 只具有低度可燃性；相比于 R410A，R32 的全球变暖潜能值只有前者的三分之一左右。这些优势使其成为当前最具潜力的 R22 的主要替代品之一。R32 的节能、绿色、不伤害臭氧层也使其成为现代冷媒的新型制冷剂之一。

2. R290 制冷剂

R290（C_3H_8，丙烷）是一种可以从液化气中直接获得的天然碳氢制冷剂。由于 R290 分子中不含氯原子，因而 ODP 值为零，对臭氧层没有破坏作用。R290 的 GWP 值接近 0，对气候变暖几乎没有作用。

碳氢制冷剂为易燃气体，与空气混合能形成爆炸性混合物，遇热源和明火有燃烧爆炸的危险。同时，R290 具有单纯性窒息及麻醉作用。人短暂接触 1% 丙烷不引起症状；10% 以下的浓度，只引起轻度头晕；接触高浓度时可出现麻醉状态、意识丧失；极高浓度时可致窒息。

R290 充注量小，其用量只有 R22、R410A 的 40%~55%，更为经济。R290 凝固点低，蒸发潜热更大，使单位时间内降温速度更快；等熵压缩比做功小，使压缩机工作更轻松，有利于延长压缩机的使用寿命。R290 的分子量小，流动性好，输送压力更低，减小了压缩机的负载。使用 R290 制冷剂，节能率可达 15%~35%。

R290 的易燃易爆是一个致命缺点，由此就带来生产线与产品安全性的问题。在"不怕一万，就怕万一"心理的影响下，一旦全国出现一例 R290 空调爆炸就会引发消费者恐慌，因此，国内使用 R290 为制冷剂的空调器生产与推广还相当谨慎。

制冷与空调系统安装与维修从业人员须多关注制冷剂的常规特点及安全使用规定，切记不要随便使用易燃易爆的各型号制冷剂。非专业人士切勿自行加注，以免自身安全受到伤害。

提示

R290（丙烷）制冷剂的主要优点是对大气环境没有破坏作用，同时具有制冷运行效率高的特点。缺点是易燃易爆。但随着应用技术的提高和工艺的改善，它的安全性在不断改善。

思考与练习

提示

应考虑泄漏的制冷剂种类，才能采取相应的处理方式。

1．制冷设备维修的焊接作业起火与电线漏电起火的处理方式存在哪些不同？

2．如遇室外作业制冷剂泄漏，应该如何处理？

3．处理触电事故过程中如何防止触电者受到二次伤害？

4．技能训练

（1）练习心肺复苏流程。

（2）练习火灾事故现场紧急撤离。

模块二

制冷组件制作

世界技能大赛制冷与空调项目旨在考核在规定的时间内，操作人员独立、高质量地完成制冷组件制作，制冷系统和电控系统的加工、安装及系统测试、调试，对空调设备进行故障排查及修复等工作。

制冷组件制作作为实操任务模块，主要考核识图能力、管工技能、焊工技能以及压力测试操作能力，也要求考核完成任务所必须的时间控制能力、安全与健康规范能力，为下一阶段的任务实施提供保障。

常见的制冷组件制作有蒸发器组件制作与回热器制作两大类。

蒸发器组件如图 2-0-1 和图 2-0-2 所示，回热器组件如图 2-0-3 和图 2-0-4 所示。

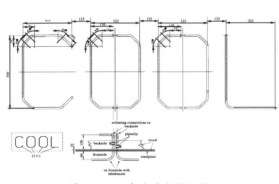

图 2-0-1　字体蒸发器组件

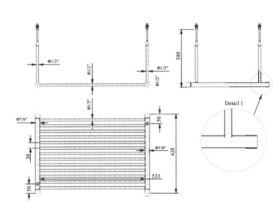

图 2-0-2　排管式蒸发器组件

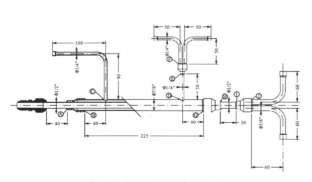

图 2-0-3　回热过冷器组件

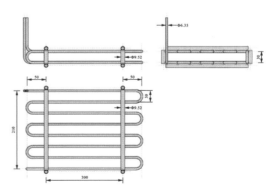

图 2-0-4　弯管带支架回热器组件

任务 1　蒸发器组件制作

 学习目标

1. 能根据任务（制作图）要求识读和分析图纸，完成蒸发器管路计算。
2. 能按图进行管道制作，制作精度符合图纸所设定的要求。
3. 能按要求进行管道焊接（钎焊）操作，完成蒸发器制作。
4. 能按任务要求，对完成的蒸发器进行吹污、保压、检漏操作。
5. 能养成严谨细致、一丝不苟、精益求精的工匠精神，树立良好的安全意识和环保意识。

 **情景任务**

作为制冷与空调专业人员，在上一模块中完成了场地和个人安全防护等知识的学习，接着将进入组件制作、制冷系统搭建和空调系统安装、排故等知识的学习。本模块的任务是制冷组件制作中的蒸发器制作，这是为后续完成整个制冷系统安装任务提供部件。其中，需要学习的内容有识图、管道计算、工具准备、管道制作、焊接、整型、保压等。

蒸发器组件制作：

蒸发器的制作图如图 2-1-1 所示。

<u>查一查</u>

蒸发器是制冷系统的基本组件，制冷剂一般在此完成相变换热，对于制作蒸发器有哪些基本要求？

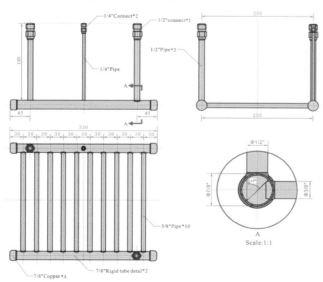

图 2-1-1　蒸发器制作图

制作要求：

1. 按制作图要求，完成蒸发器管道制作。制作尺寸精度偏差为 ±2 mm。

2. 焊接操作，按照技术要求，钎焊所用各气体的压力应控制在容许范围内。

3. 组件制作完毕后，需要对管道进行规范吹污操作，吹污压力为 0.6 MPa ~ 0.8 MPa。

4. 完成蒸发器组件制作后，进行氮气压力测试，测试压力为 1.0 MPa ± 0.1 MPa。

5. 质量评价：组件制作完毕后，所有尺寸按制作图要求不大于 ±2 mm，角度不大于 ±2°，焊接点无焊料堆积和过烧现象。

 **思路与方法**

一、蒸发器在制冷系统中主要起哪些作用？可以分为哪几种形式？

蒸发器是制冷剂相变的主要场所。液态制冷剂在蒸发器中吸收外部热量，以沸腾和蒸发的方式快速转变为气态。

在蒸发器中，从冷凝器过来的制冷剂经过节流装置降压，产生低压制冷剂液体，低压液体制冷剂进入蒸发器后汽化，从需要冷却的物体或空间吸热，从而使被冷却的物体或空间的温度降低，达到制冷的目的。因此，蒸发器就是制冷系统中产生冷量的设备。

依据蒸发器的工作要求，蒸发器所用的材料须具备传热快、热导性好、传热面积满足系统热传递要求的特点，同时也要求对液态和气态制冷剂的流动有较小的阻力。

根据被冷却介质的种类不同，蒸发器可分为两大类：冷却空气的蒸发器和冷却液体的蒸发器。

冷却空气的蒸发器有冷却排管和冷风机。

冷却液体的蒸发器常见的液体载冷剂有水、盐水或乙二醇水溶液等。这类蒸发器常用的有卧式蒸发器、立管式蒸发器和螺旋管式蒸发器等。

卧式蒸发器又称为卧式壳管式蒸发器。其与卧式壳管式冷凝器的结构基本相似。按供液方式可分为卧式满液式蒸发器和卧式干式蒸发器两种。

本任务要制作的是一种冷却液体的蒸发器，采用直排管式，便于直接制作。

二、蒸发器的制作一般采取哪些焊接方式？

现代的焊接方式分为熔焊、压焊、钎焊，焊接设备如图 2-1-2 所示。

图 2-1-2　焊接设备

查一查

常见的电弧焊会发出电弧光，对眼睛有损伤，操作时需要如何防护？

1. 熔焊

焊接过程中，使焊接接头在高温作用下至熔化状态。由于被焊工件是紧密贴在一起的，在温度场和重力的作用下，不加压力，两个工件熔化的熔液会发生混合现象。待温度降低后，熔化部分凝结，两个工件就被牢固地焊在一起，完成焊接。常用的熔焊方法有焊条电弧焊、埋弧焊、二氧化碳气体保护焊、等离子弧焊等，如图 2-1-3 至图 2-1-5 所示。

图 2-1-3　手工电弧焊

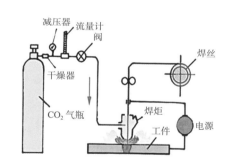

图 2-1-4　二氧化碳气体保护焊

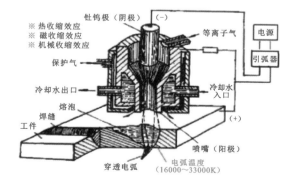

图 2-1-5　等离子弧焊

2. 压焊

对焊件施加压力，使接合面紧密地接触产生一定的塑性变形而完成焊接。常用的压焊有电阻焊与摩擦焊，如图 2-1-6 和图 2-1-7 所示。

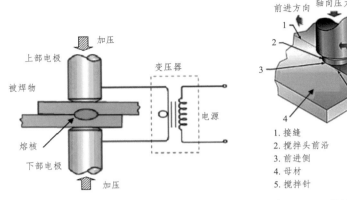

1. 接缝　　　　6. 搅拌头后沿
2. 搅拌头前沿　7. 焊缝
3. 前进侧　　　8. 搅拌头旋转方向
4. 母材　　　　9. 后退侧
5. 搅拌针

图 2-1-6　电阻焊工作原理图　　　　图 2-1-7　摩擦焊工作原理图

3. 钎焊

将低于焊件熔点的焊料和焊件同时加热到焊料熔化温度后，利用液态焊料填充固态工件的缝隙使金属连接。钎焊时，首先要去除母材接触面上的氧化膜和油污，以利于毛细管在焊料熔化后发挥作用，增加焊料的润湿性和毛细流动性。根据焊料熔点的不同，钎焊又分为硬钎焊和软钎焊。

（1）硬钎焊：焊料熔点高于 450℃ 的钎焊。硬钎料有铜基、银基、铝基等合金。钎剂常用的有硼砂、硼酸、氟化物、氯化物等。加热方法有火焰加热、盐浴加热、电阻加热、高频感应加热等。硬钎焊适用于受力较大及工作温度较高的工件。

（2）软钎焊：焊料熔点低于 450℃ 的钎焊。较常用的软钎料为锡铅合金，较常用的钎剂为松香、氯化铵溶液等，常用烙铁或火焰加热。

蒸发器组件制作需要进行铜管焊接，如图 2-1-8 所示。使用的焊接方式为硬钎焊。

查一查

软钎焊一般用在哪一类材料的焊接中？

想一想

蒸发器制作都是采用硬钎焊的方式吗？

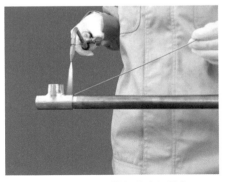

图 2-1-8　铜管焊接（钎焊）

三、钎焊操作需要注意哪些方面？

钎焊技术的特点：焊件加热温度低，焊件的金属组织和力学性能变化小，焊件变形小，接头光滑平整，焊件尺寸控制精度高，生产效率高。钎焊可以焊接同种或异种金属，可焊接由多条焊缝组成的复杂形状的焊件。钎焊的设备较简单。不足之处是连接强度一般，耐热能力较差，接头脆性较大。

制冷系统维修使用硬钎焊，使用的焊料一般分为银基焊料和铜磷焊料两种。紫铜管之间的焊接宜选用高磷铜焊条；紫铜与其他金属材料焊接则采用银基焊条，并采用助焊剂。常用的硬钎焊焊料见表2-1-1。

表2-1-1　常用硬钎焊焊料

成分	熔点范围（℃）
铝基焊料	460～630
银基焊料	600～970
铜磷焊料	700～900

钎焊操作的注意事项：

（1）注意钎焊管道配合间隙，详见表2-1-2和表2-1-3。

（2）先加热管径较大的管件，后加热小管径的管件，然后以"∞"的轨迹进行加热处理。

（3）钎焊使用中性微偏氧化性的火焰。

表2-1-2　焊接间隙控制

铜管外径OD	3～20 mm	20～30 mm	30 mm以上
单边最大间隙	0.20 mm	0.30 mm	0.50 mm
单边最小间隙	0.03 mm	0.05 mm	0.08 mm

表2-1-3　焊接间隙值

母材	焊料	间隙值（mm）
铜和铜合金	铜锌	0.05～0.20
	铜磷	0.03～0.15
	银基	0.05～0.20
	锡基	0.05～0.20

查一查

蒸发器制作使用的焊接焊料一般是哪一种？

四、氮气保护焊有哪些特点？

在制冷系统钎焊焊接操作中，还需要采用氮气保护焊接方式，如图2-1-9所示。氮气保护焊接的目的是保护母材，在焊接高温下流动的氮气带走管道内表面高温，使铜管内表面不接触空气而减少氧化层的产生，保持焊接后铜管内壁清洁，如图2-1-10所示，避免系统运行时由于内壁氧化层脱落产生脏堵等故障。

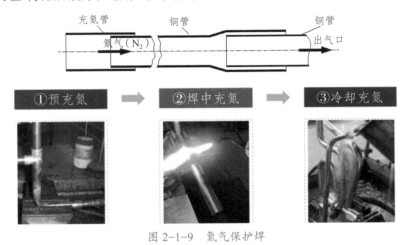

图 2-1-9　氮气保护焊

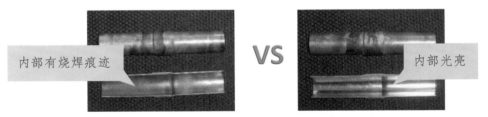

图 2-1-10　氮气保护焊接与一般钎焊比对

活动一：蒸发器组件制作

按照提供的设计图纸开展任务实施，基本实施步骤如图2-1-11所示。

图 2-1-11　任务实施步骤

1. 识图分析

对制作图 2-1-1 进行视图分析。蒸发器制作图一般为三视图，从主视图、俯视图可以判断出蒸发器的外观尺寸，并可以分解出管道的基本尺寸，从右视图可以判断出蒸发器的宽度。

对任务书提供的图 2-1-1 进行分析，可以进一步获得的信息有：从图中的管道尺寸（管径）可以判断蒸发器所用的铜管种类；根据制作图中所标注的尺寸，可以计算出不同种类的铜管总长度和每一根铜管的长度，为下料做好准备；根据制作图中对管道管口制作、固定方式、管口焊接封口等的要求，为制作做好预案。

注意事项

制作图中所有铜管均须加上插入邻接铜管的深度尺寸。一般规范要求，铜管垂直对接时，插入邻接管的深度不应超过邻接管直径的 1/2；水平对接时，插入邻接管的深度应控制在本管直径的 0.8~1.2 倍。

对图 2-1-1 分析的结果详见表 2-1-4。

表 2-1-4 蒸发器制作图分析结果

序号	视图	管道规格	制作尺寸要求	数量	备注说明
1	主视图	1/2 英寸	180 mm（包括连接管件）	2	Ø12.27 mm×180 mm（1/2 英寸）
		1/4 英寸	180 mm（包括连接管件）	1	Ø6.35 mm×180 mm（1/4 英寸）紫铜管，一个顶针阀
		两端钻孔位置	45 mm	2	两个黄铜接头
2	俯视图	3/8 英寸	均布钻孔，间距 30 mm	10	Ø9.52 mm×<250 mm（3/8 英寸）排列紫铜管
		7/8 英寸	350 mm；1/4、1/2 英寸孔按图所示	2	Ø22.23 mm×333 mm（7/8 英寸）硬质紫铜管加端帽
3	左视图	7/8 英寸	管中心线间距 250 mm	2	
4	详图	1/2 英寸	管口制作 45°	2	此处关注铜管端口角度
		3/8 英寸	插口位置	10	需要关注管道插入的深度要求

提示

两根 Ø12.27 mm 铜管的插入端口要按照图 2-1-1 中 A 图制作 45° 角。

提示

所有管道的连接方式都为焊接。

2. 材料及工具准备

蒸发器制作的主要操作工具见表 2-1-5。

表 2-1-5　蒸发器制作主要工具

名称	图样	名称	图样
焊接用组合设备		锂手电钻	
管道制作工具		钻头	
喇叭口制作工具		扳手	

想一想

市场上供应的铜管一般为盘管，如果没有拉直铜管就用来制作蒸发器会造成何种影响？

3. 下料

根据表 2-1-4 所示的蒸发器制作图分析结果进行组件材料下料操作。

利用工作台的平面，将弯曲的铜管（图 2-1-12）在台面上进行拉直操作，如图 2-1-13 所示。在拉直的过程中要非常小心，不要用脚大力踩踏铜管表面，使其变形。禁止用如图 2-1-14 所示的方法展开铜管，因为按这样的方法割管会导致材料的浪费甚至报废，而且割管后不可能再拉直铜管。使铜管基本平直后方可进行下一步操作。

割管前展开并拉直盘管非常重要

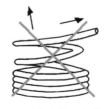

图 2-1-12　紫铜盘管　　　图 2-1-13　拉直盘管　　　图 2-1-14　错误展开盘管的方法

割管的方法和步骤：

（1）在管子外壁的待割处刻画上记号，切割处的画线要与管轴线垂直，刻线位置误差要小，并且必须在拉直的铜管区域画线和切割。

（2）逆时针旋转割刀进给手轮，使导轮与滚轮之间张开的距离略大于被割管子的外直径，以保证割管时管子能嵌入。

（3）将割刀穿入管子，并尽可能使支架开口朝上或朝外，以便能够看清记号，如图 2-1-15 所示。

提示

割管操作滚轮刀片的每次进给量不能过大，否则会造成严重的卷边（毛刺），甚至导致管子变形。

（4）调整割刀横向位置，在滚轮刀片对准切割处后，让管子一侧靠牢两导轮，然后顺时针旋动进给手轮，使滚轮刀片边缘逐渐靠近并轻微抵住管子。

（5）将割刀绕管子转动 1 圈，若未见偏移，则顺时针旋动进给手轮 1／4～1／2 圈后，再将割刀绕管子转动 2～4 圈，重复若干次，直至管子割断，如图 2-1-16 所示。然后对管口进行处理，如图 2-1-17 所示。

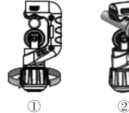

①　　　　②　　　　③　　　　④

图 2-1-15　割管操作

图 2-1-16　割断后铜管的端口

想—想

图 2-1-16 中的管道切割哪个比较合理（从左至右）？

图 2-1-17　管口处理

（6）切取下来的管道两端要套上封帽进行保护，如图 2-1-18 所示。

想一想

图 2-1-18 所示的管道保护，主要是从哪方面来考虑的？

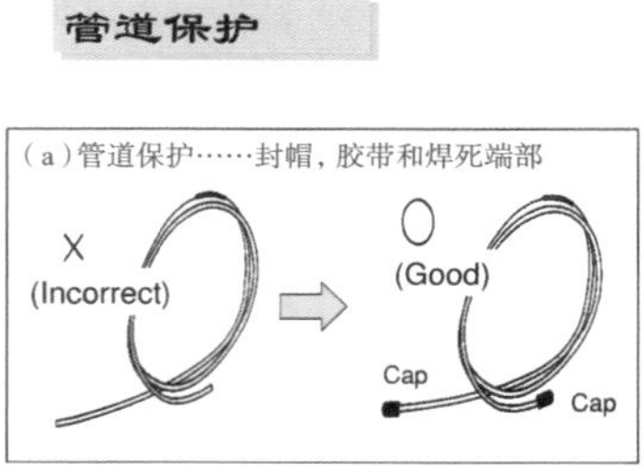

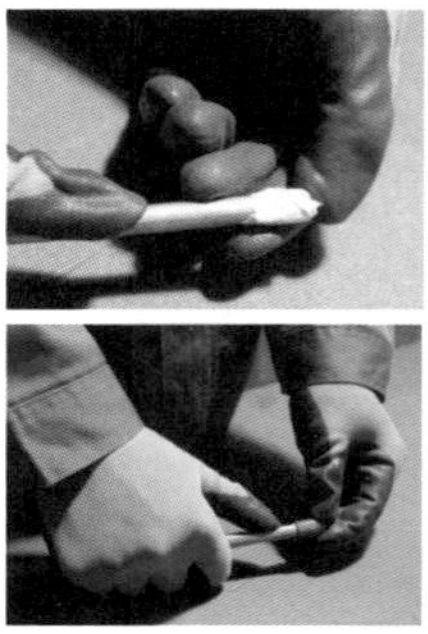

图 2-1-18　管道保护

4. 焊接

焊接工具和材料如图 2-1-19 所示。

想一想

请你指出焊接还需要做好哪些材料准备？

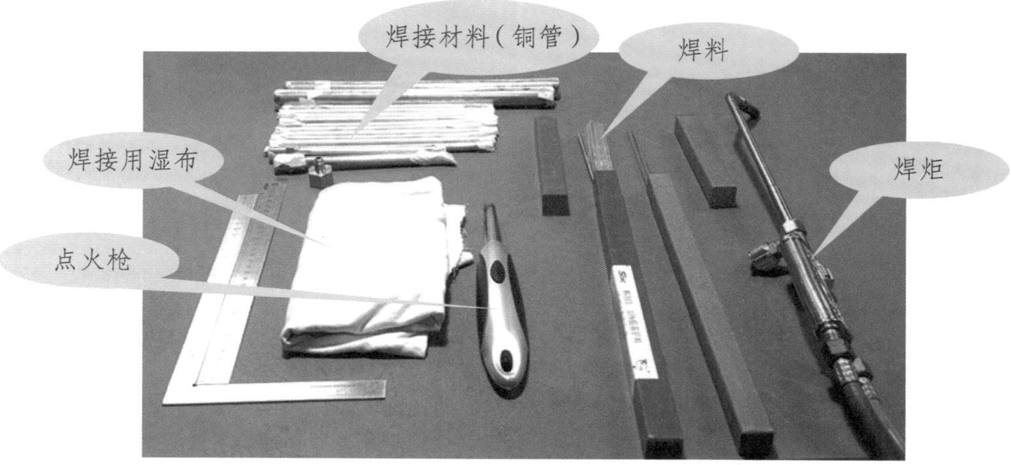

图 2-1-19　焊接工具和材料准备

焊接过程注意要点：

（1）对管件进行焊接，首先要对管径较大的管件进行加热，然后移至小管径的管件进行加热，随后要以"∞"的轨迹对大小管件进行加热。

（2）当加热到管件都呈暗红色时，就可以进行焊料的填充。在填充焊料的过程中，不能用焊炬直接对准配件的缝隙进行加热填充，而是要拿稳焊条一端，将另一端轻微用力搁压在紫铜管的连接处，依靠母材（铜管）的间接加热使焊条熔化并均匀渗入接缝。操作过程应遵循先在加热面的背面进行焊料填充，再在正面填充的原则（即正面加热需要先在背面填充焊料），如图 2-1-20 所示。

（3）焊接完成后，需要继续保持干燥氮气的流通，并让焊件自然冷却，严禁使用滴水的湿布、冷水等低温物质对焊件进行快速降温。

提示

焊接结束后严禁直接用手拿捏未完全冷却的工件。

在焊接中把控温度，让焊料进入焊缝

图 2-1-20 焊料控制

蒸发器焊接采用氮气保护焊，按照要求设定氮气压力 < 0.1MPa，确保焊接过程中氮气流量的要求，详见表 2-1-6。

表 2-1-6 充氮保护焊氮气流量要求

管径规格	氮气流量（Q）
Ø < 5 mm	5 L/min
5 mm < Ø < 15 mm	5~15 L/min
15 mm < Ø < 35 mm	10~20 L/min
35 mm ≤ Ø	20~25 L/min

严格遵守焊接操作安全规范，做好个人防护，控制好焊接液化气、氧气的压力。

管道焊接步骤：

（1）铜管与紫铜管焊接采用高磷铜焊条。

（2）焊接前，打磨管道焊口接触面，不得有氧化物及其他杂质。

（3）焊接前还要对各管道的尺寸进行核对，检查管道插入邻接管道的深度是否超标，如图 2-1-21 和图 2-1-22 所示。

（4）焊接后，清理表面氧化物、助焊剂及其他杂质。

焊接前对尺寸进行核准

图 2-1-21 焊接尺寸控制

提示

焊接过程把控焊料和温度是重点。

提示

氮气保护焊氮气压力的表压力控制在 0.024~0.04 MPa 范围内（用手背测量管件出口位置的氮气流量，有轻微气体流动的感觉即可）。

图 2-1-22　焊接管插入深度控制

（5）焊口与焊口之间的距离不能少于 20 mm。

（6）管道焊接，钎焊用气压力要求：氧气 < 0.4 MPa，燃气 < 0.1 MPa。

（7）焊接必须使用氮气保护，氮气压力要求 < 0.1 MPa，氮气流量要求 5±1 L/min，不允许密封焊接。焊口焊接顺序按照氮气流动方向依次进行焊接。

（8）焊接完成后，模块结束前，必须把燃气燃尽，并关闭维修截止阀、减压阀，软管排空。

焊接好的管道采用充氮的方式冷却至常温，用软性打磨用具清洁铜管焊口表面，并观察焊口是否满足以下要求：（1）焊口完整，无缝隙；（2）焊口平整，焊料均匀，无砂眼；（3）连接处的焊料适当，用手触摸时平滑，无明显刺手的感觉。

5. 尺寸复测与整形

工件焊接完成且完全冷却后，要根据图纸进行尺寸复测，如图 2-1-23 所示。检查工件的尺寸误差是否在容许范围内，必要时可对工件进行整形处理，以确保工件符合图纸要求。

蒸发器的制作采用钎焊来完成，由于热胀冷缩的原因，工件的尺寸和形状变化是难免的。

工件尺寸的复测和整形主要包括尺寸复测、蒸发器角度复测及整形、蒸发器平面平整度测量及整形。

图 2-1-23　尺寸复测与整形

尺寸复测：根据制作图标注的尺寸进行复测，精度误差应在 ±2 mm 之内。

角度测量：根据制作图标注的角度进行复测，精度应在 ±2° 之内。

在保证制作质量的前提下，进行整型处理。

活动二：吹污和保压

由于蒸发器在焊接等制作过程中可能会在管道内产生杂质、灰尘等污染物，需要对完工后的蒸发器组件用氮气吹扫，称为吹污操作。吹污常用工业干燥氮气进行吹扫，氮气压力一般为 0.6～0.8 MPa。吹污操作完成后，进行保压操作，保压压力应大于当地大气压 0.1～0.2 MPa。

想一想

吹污后的保压，主要目的是什么？

吹污和保压的操作步骤：

（1）吹污和保压在蒸发器焊接完成后进行。吹污和保压使用工业干燥氮气。

（2）减压阀与氮气瓶接通，打开氮气瓶阀，调节减压阀设置吹污压力为 0.6～0.8 MPa，如图 2-1-24 所示。

减压阀调节

图 2-1-24　调压操作

（3）双歧表组件的低压侧软管与蒸发器入口连接，中间软管与减压阀氮气输出端连接，保证连接牢固且密闭。

（4）打开减压阀输出阀门和双歧表低压侧手动阀门，让氮气从蒸发器的另一个出口处溢出，用手堵塞蒸发器的另一出口，如图 2-1-25 所示。观察双歧表的低压表，待氮气压力达到 0.6～0.8 MPa 时突然放开手指，让氮气冲出，实现吹污，如图 2-1-26 所示。连续操作 2～3 次，直至排放干净为止。

观察压力值

堵住管道出口

图 2-1-25　吹污压力控制

图 2-1-26　吹污操作

想一想

本次任务中的蒸发器制作主要采用焊接的方式，在技术层面上存在哪些难点？

（5）吹污操作完成后，及时密闭蒸发器出口。

（6）将氮气压力调至保压压力 0.15 MPa±0.05 MPa，关闭双歧表低压侧手动阀门，使蒸发器进入保压状态。

（7）关闭氮气阀门，脱开氮气管道。

保压时间根据任务要求确定，在保压时间内蒸发器管道内的压力没有变化，确认工件密闭。

 **总结评价**

一、评价方法

蒸发器制作是制冷与空调系统搭建的重要一环，需要对识图、计算、管道制作、焊接操作过程进行考核评价。世赛的整体评价分为测量和判断。本任务的评价主要分为三个部分：

（1）结果评价（以测量为主）：按照制作图要求对完成后的蒸发器工件进行测量，并根据测量结果给出评价。

（2）操作评价（测量＋判断）：对操作过程（如吹污、保压、焊接、压力调试）是否规范进行评价。

（3）安全评价（以判断为主）：根据焊接的安全操作规范等要求进行评价。

上述三个方面的评价细分为蒸发器管道制作，蒸发器焊接操作，蒸发器吹污、保压，健康安全与卫生四个评分项目。

二、标准评价表

蒸发器制作四个评分项目的评分标准详见表 2-1-7 至表 2-1-10。

表 2-1-7 蒸发器管道制作评价表

序号	评价项目	评分标准	分值	得分
1	蒸发器管道制作——角度	水平管道角度符合标准 ±2°，每条 0.2 分	2	
2		垂直管道角度符合标准 ±2°，每条 0.2 分	2	
3	蒸发器管道制作——尺寸	水平管道尺寸符合标准 ±2 mm，每条 0.2 分	2	
4		垂直管道尺寸符合标准 ±2 mm，每条 0.2 分	2	
5	铜管端口处理	铜管端口平整、光滑，制作角度 45° 准确，每条 0.15 分	1.5	
6	铜管封口	铜管封口无松动、连接牢固	0.5	
总分			10	

表 2-1-8 蒸发器焊接操作评价表

序号	评价项目	评分标准	分值	得分
1	焊接端口处理	端口平整、无褶皱、无毛刺，每条 0.1 分	1	
2	焊口质量	焊口焊料均匀、光亮，无砂眼、裂缝，每条 0.2 分	2	
3	焊口间距尺寸	焊口与焊口尺寸 > 20 mm，每条 0.2 分	2	
4	钎焊用气压力	氧气 <0.4 MPa、燃气 <0.1 MPa、保护氮气 <0.1 Mpa，调节正确，每条 0.2 分	2	
5	焊接安全防护	焊接时做好防火、高温散热防护，每条 0.1 分	1	
6	焊接操作过程符合规范	钎焊点火操作开启气体符合要求	0.5	
7		氮气保护焊接管道时连接和过程中氮气控制合理	0.5	
8		焊接完成后气源关闭操作符合规范	0.5	

想一想

焊接操作如何才能做到加热均匀？

提示

焊接操作中，停止加热后，一般不允许把热工件直接用水冷却，主要是防止工件冷热快速变化而造成焊接处开裂。

（续表）

序号	评价项目	评分标准	分值	得分
9	焊接操作过程符合规范	焊接过程中使用工具合理	0.5	
	总分		10	

表 2-1-9　蒸发器吹污、保压操作评价表

序号	评价项目	评分标准	分值	得分
1	吹污氮气压力调压操作	吹污调整氮气压力，操作符合规范，记录正确	2	
2	吹污操作	吹污操作规范，管路连接正确	2	
3	吹污工具使用	吹污工具使用符合标准	1	
4	保压氮气压力调节操作	保压调整氮气压力，操作符合规范，记录正确	2	
5	保压操作	保压管路连接正确，操作规范	2	
6	保压工具使用	保压工具使用符合规范	1	
	总分		10	

表 2-1-10　健康安全与卫生评价表

序号	评价项目	评价结果
1	无违反劳防用品使用规范	□是 / □否
2	无违反场地设备使用规范	□是 / □否
3	无违反工具使用规范	□是 / □否
4	无违反制冷管道保持封口	□是 / □否
5	工位始终保持整洁规范	□是 / □否
6	离开前断气断电	□是 / □否
7	离开 OFN 电源牌位置正确	□是 / □否
8	无领取额外材料	□是 / □否

试一试

简述吹污氮气调压的操作步骤。

提示

吹污排气口方向不得对人。

 拓展学习

小管径蒸发器技术

一、发展背景

蒸发器是制冷系统的重要部件（制冷系统四大部件之一），它的性能直接影响着制冷系统的整体性能。从制冷系统节能降耗、环境友好和可持续发展的理念出发，对开发高效蒸发器提出了新的要求。

目前，小型制冷空调系统使用的蒸发器都是翅片管式换热器，其中管道常用铜管，翅片采用铝片。早期采用的换热器铜管外径多为 9.52 mm（3/8 英寸），后来不断减小到 7 mm，又进一步降至 5 mm。在制冷空调行业中，将换热器铜管外径降至 5 mm 以下来制造蒸发器的技术称为小管径蒸发器技术。小管径蒸发器技术给蒸发器带来了节能降耗的好处，但也给蒸发器的制造带来了挑战。

提示

应用小管径蒸发器技术制造蒸发器时，需要注意小管径所引起的制冷剂流动速度增加和制冷剂流动阻力增加等因素带来的影响。

二、技术优点和难点

1. 优点

（1）可减少铜管材料的消耗量。如果将铜管直径从 9.52 mm 缩小为 5 mm，单位管长铜管的表面积减少了 47.4%，也就意味着在铜管厚度不变的情况下单位长度铜管铜的使用量减少了 47.4%；考虑到细管径铜管耐压增加可减薄铜管的因素，实际铜耗量可减少 62.9%。换热器铜管的原材料成本占据蒸发器成本的 80% 以上，采用小管径换热器后，材料成本可以降低 50% 以上。

（2）可减少制冷剂的充注量，减少制冷剂对环境的影响。如果将铜管直径从 9.52 mm 缩小为 5 mm，则换热器内部容积可以缩小 75.4%，这就意味着系统的制冷剂充注量仅为原来的 25%。这对目前易燃易爆环保工质的应用起到极大的推动作用。

（3）可提高换热性能，节能效果突出。蒸发器使用小管径后，只要适当改变换热器结构、改进翅片的制造工艺以及加强空气侧的传热措施，就可有效增强空调换热器的传热性能，提高其节能水平。

2. 技术难点

（1）采用小管径换热器后，传热和压降性能也有较大变化；同样的管长换热面积减少，换热系数增加。

（2）摩阻系数增大，制冷剂流动阻力加大，压降上升；蒸发器内蒸

提示

小管径蒸发器技术可以在换热面积不变的同时，减少材料的消耗。

发温度下降，影响系统效率。

（3）制造工艺难度增加。空气流动阻力增大，翅片易积灰且不利于排水和化霜，管道承压强度降低等。

小管径蒸发器技术的难点和解决思路见表 2-1-11。

表 2-1-11 小管径蒸发器技术的难点和解决思路

小管径蒸发器技术的难点	解决思路
大管径蒸发器制冷剂管内流动和传热性能有详细研究和数据，小管径蒸发器则缺少这方面的研究和数据	需要针对小管径蒸发器进行实验测试，开发换热与流动性试验计算模型
管径变小导致翅片间距变小，空气侧流动阻力增大，容易积灰，不易排水化霜	通过实验研究，引进细管蒸发器翅片空气侧析湿、结霜与压降特性，设计高效翅片
为平衡管路压降，易造成分流不均匀现象	开发基于小管径分液的低成本分液装置
小管径蒸发器充注量变化明显	进行优化实验，确定最优制冷剂充注量
制作工艺中，小管径胀管报废率高	改进胀管工艺，研究无收缩胀管技术

提示

目前小管径蒸发器技术在 R290 空调器中运用较多。

三、应用和发展趋势

经过多年的发展，小管径蒸发器技术得到明显提高，目前应用 5 mm 管径蒸发器的空调器已经达到全部产量的 20%。我国在小型空调系统中推广使用新型环保制冷剂 R290，它作为一种易燃易爆的制冷剂，严格限定充注量对于空调器使用的安全性非常重要，因此使用 R290 制冷剂的空调器均使用小管径蒸发器。

 思考与练习

想—想

不同材质的金属管道连接还可以有哪些方法？

1. 为什么在蒸发器组件制作中常用钎焊作为管道焊接方式？

2. 对不同材质金属进行焊接时需要注意哪些事项？

3. 技能训练

（1）按照所给图纸（图 2-1-27），完成"巧手"蒸发器制作。

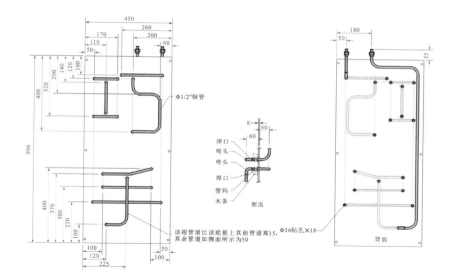

试一试

按图 2-1-27 所示，计算蒸发器的外表面积。

图 2-1-27 "巧手"蒸发器

（2）按照所给图纸（图 2-1-28），完成"工匠"蒸发器制作。

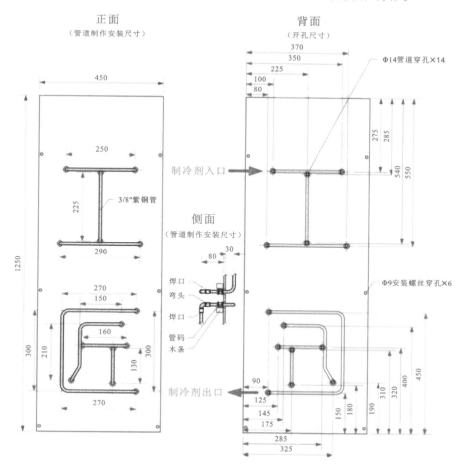

试一试

按图 2-1-28 所示，确定用几根铜管来制作。

图 2-1-28 "工匠"蒸发器

任务 2 回热器制作

 学习目标

1. 能根据项目任务(制作图)进行识图、分析,完成回热器管路计算。
2. 能按图进行管道制作,制作精度符合制作图要求。
3. 能按照规范进行回热器组件的整型操作。
4. 能根据任务要求进行吹污、保压、检漏操作。
5. 能养成严谨细致、一丝不苟、精益求精的工匠精神,树立良好的安全意识和环保意识。

 情景任务

为了使进入节流阀的制冷剂液体温度降低些,减少在节流时或节流后产生的闪发气体,适当提高制冷效率,一般在制冷系统的储液器后加装专门用来过冷的设备——回热器,如图 2-2-1 所示。

本次任务就是以一种多通道复合型回热器作为载体,来完成制冷组件——回热器的制作。

回热器制作:

回热器的制作图如图 2-2-2 所示。

查一查

回热器的基本作用是什么?

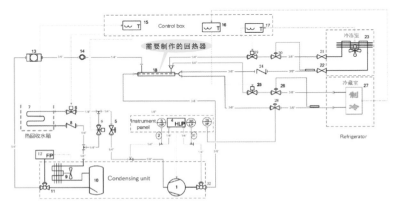

No.	Descripion	No.	Description	No.	Description	No.	Description	No.	Description	No.	Description
1	压缩机	7	热交换盘管	13	干燥过滤器	19	冷冻室电磁阀	25	冷冻室电磁阀	31	冷冻室电磁阀
2	毛细管组件	8	止回阀	14	视液镜	20	热力膨胀阀	26	热力膨胀阀	32	热力膨胀阀
3	高压表	9	冷凝风机	15	热回收温控器	21	截止阀	27	冷藏蒸发器		
4	高低压控制器	10	储液器	16	冷藏温控器	22	截止阀	28	压力调节阀		
5	手阀	11	三通阀	17	冷冻温控器	23	冷冻蒸发器	29	中间压力表		
6	热回收电磁阀	12	冷凝压力开关	18	热交换器	24	止回阀	30	低压压力表		

图 2-2-1 制冷系统原理图

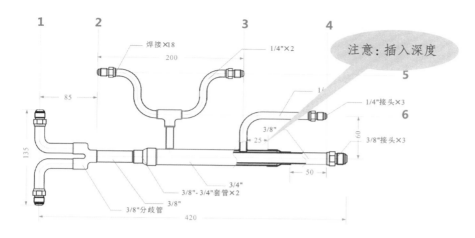

图 2-2-2 套管式回热器制作图

制作要求：

（1）按图 2-2-2 标注的尺寸要求完成回热器管道制作。制成的回热器弯管处无变形、瘪塌、褶皱现象，尺寸精度为 ±2 mm 以内。

（2）回热器制作完毕后，需要对管道进行规范吹污操作，吹污用氮气压力为 0.6~0.8 MPa。

（3）还要对组件进行氮气压力保压操作，0.1 MPa< 测试压力 <0.2 MPa。

（4）质量评价：组件制作完毕后，所有尺寸误差不大于 ±2 mm，角度误差不大于 ±2°。

想一想

请同学们根据图 2-2-1、图 2-2-2，说出回热器六个进出口分别连接的管路是哪些。

回热器是一种把热量从一种介质传到另一种介质的装置。在制冷系统中，回热器用来把节流器前液态制冷剂中的热量传递给压缩机吸气口前的气体制冷剂。在世赛项目任务中，也把回热器作为制冷组件来进行现场制作。

一、回热器的作用和类别有哪些？

采用回热循环的氟利昂制冷系统，一般均设置回热器。

氟利昂制冷系统中回热器的主要作用是：

（1）改善制冷剂的循环特性。

（2）提高制冷循环的制冷系数。

（3）增加节流前高压液体制冷剂的过冷度。

查一查

哪种制冷系统增加了回热器，产生的效果比较好？

（4）提高压缩机吸气过热度，防止压缩机产生液击。

单独设置的回热器有套管式和盘管式两类。套管式回热器换热效率较低，适用于回气过热要求不高的系统（如 R22 系统）。套管式回热器让气态制冷剂在内管中流动，冷凝液在两管间的夹层中流动。盘管式回热器则让冷凝液在盘管内流动，气态制冷剂在托盘与壳体间流动。两种回热器中，气液两态制冷剂都作逆流式换热，以提高换热效果。

二、制冷系统回热器的基本原理是什么？

回热器在制冷系统中用来降低高温液态制冷剂的温度，在回收利用这部分热量的同时可减少冷凝器散热负荷，提高冷凝效果，降低冷凝温度和压力。利用蒸发器回气（气态制冷剂）和制冷剂供液（液态制冷剂）进行热交换，可进一步降低供液过冷，增加过冷度，提高回气过热度，从而提高整个制冷系统的制冷效率，也可以防止制冷压缩机液击故障的发生。

提示

过冷度一般取值为 3℃~5℃。

三、"过冷"是什么意思？

所谓"过冷"，就是将冷凝后的饱和液体通过某种装置（如回热器）和方法进行再冷却，使其温度低于冷凝压力下的饱和温度。把过冷前的液体温度与过冷后的温度相比较，差值称为"过冷度"。

四、回热器弯管有哪些形式？如何计算？

回热器弯管的主要形式有：各种角度的弯头、U 形管、来回弯（或称乙字弯）和弧形弯管等，如图 2-2-3 所示。

弯头是带有一个任意弯曲角的管件，它被用在管子的转弯处。弯头的弯曲半径用 R 表示。R 较大时，管子的弯曲部分就较大，弯管就比较平滑；R 较小时，管子的弯曲部分就较小，弯得就较急。来回弯是带有两个弯曲角（一般为 135°）的管件。来回弯管子弯曲端中心线间的距离叫作来回弯的高度，用字母 h 表示。U 形管是成正半圆形的管件。管子的两端中心线间的距离 d 等于两倍弯曲半径 R。

提示

弯管尺寸由管径、弯曲角度和弯曲半径三者确定。

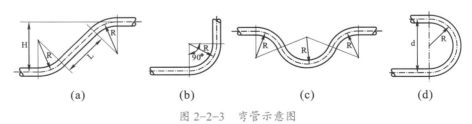

(a)　　　　　(b)　　　　　(c)　　　　　(d)

图 2-2-3　弯管示意图

弯管时，弯头里侧的金属被压缩，管壁变厚；弯头背面的金属被拉伸，管壁变薄。弯曲半径越小，弯头背面管壁减薄就越严重，对背部强度的影响就越大。为了使管子弯曲后不致对原有的工作性能有过大改变，一般规定管子弯曲后，管壁减薄率不得超过 15%。管壁减薄率可按下式进行计算：

$$A = \left[1 - \frac{R}{R + \dfrac{D_W}{2}} \right] \times 100\%$$

式中：

A——管子弯曲后外侧母线处管壁的减薄率（%）

D_W——管子外径（mm）

R——弯管的弯曲半径（mm）

弯管时，由于管子弯曲段内外侧管壁厚度的变化，还使得弯曲段截面由原来的圆形变成了椭圆形。弯管截面形状的改变，会使管子的过流截面面积减小，从而增加流体阻力，同时还会降低管子承受内压力的能力。因此，一般对弯管的椭圆率做以下规定：管径小于或等于 150 mm 时，椭圆率不得大于 10 %；管径小于或等于 200 mm 时，椭圆率不得大于 8 %。

现设弯曲段起止端点分别为 a、b，当弯曲角为 90° 时，管子弯曲段的长度正好是以 r 为半径所画圆的周长的 1/4，其弧长用弯曲半径来表示，即为弧长。

$$ab = \frac{2\pi R}{4} = 1.57R$$

在弯制 U 形弯、反向双弯头或方形伸缩器时，如以设计图要求或实际测量得出的两个相邻 90° 弯头的中心距尺寸进行画线绘制，那么弯成的两个弯头中心距将比原来的距离要大些，如图 2-2-4 所示，这是弯曲时产生延伸的结果。下料时，应将两个弯头中心距减去这一延伸误差，再画出第二个弯头中心线和延伸长度，这样才能使两个弯头弯好后，中心线间的距离正好等于所需要的尺寸。延伸误差如下列公式所示，其数值可按下式进行计算：

$$\Delta L = R \left(\mathrm{tg} \frac{a}{2} - 0.00875a \right)$$

提示

90° 弯管弯曲段的展开长度为弯曲半径的 1.57 倍。

式中：

ΔL——延伸长度（mm）

R——弯曲半径（mm）

a——第二个弯曲角的角度（°）

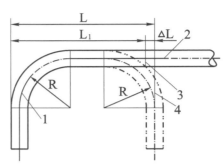

图 2-2-4 双 90° 弯管示意图

活动一：回热器制作

一、制作图分析

对图 2-2-2 所示的制作图进行分析，该回热器为套管式回热器组件，分析结果详见表 2-2-1。

表 2-2-1 回热器制作图分析结果

序号	管道及配件	尺寸规格及数量	注意事项
1	管接头	3/8 英寸　3 个	管接头为黄铜制成品，焊接时需要用银焊条，并考虑插入深度要求
2	管接头	1/4 英寸　3 个	
3	变径配件	3/8 英寸 ~3/4 英寸　2 个	—
4	分歧管件	3/8 英寸　1 个	—
5	三通管件	1/4 英寸　1 个	—
6	铜管	3/4 英寸　1 段	—
7	铜管	3/8 英寸　5 段	—
8	铜管	1/4 英寸　4 段	焊接时严格控制插入深度

二、材料及工具准备

按照任务要求，经分析，具体材料和主要工具见表 2-2-2。

表 2-2-2　制作回热器的工具和材料

序号	工具名称	规格型号	数量	注意事项
1	扳手		2	
2	铜管制作工具组件		1 组	
3	铜管	9.52×0.8×1500（3/8 英寸）		国产（盘管）

> **提示**
>
> 计算管道长度尺寸时必须考虑焊接插入邻接或管配件深度，以及弯管中的管道相对延长量，确保管道尺寸精度要求。

三、管道制作

1. 利用工作台的平面，将弯曲的盘管在台面上进行拉直操作。在拉直的过程中要非常小心，不要用脚大力踩踏铜管表面使其变形。

2. 根据计算尺寸，进行管道下料，详见表 2-2-3，并及时做好管口毛刺、倒角处理。

3. 选用计算时选用的弯管器，根据图纸确定起弯点进行弯管操作，在满足图纸尺寸要求的同时不能出现如图 2-2-5 所示的弯管质量问题。

> **提示**
>
> 弯管时，必须选用计算时使用的那种弯管器，因为每一种弯管器的计算半径有差异。

　　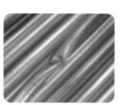　

（a）裂纹　　（b）褶皱　　（c）扭曲　　（d）长度差≤1

图 2-2-5　常见弯管质量问题

表 2-2-3　常见直径弯管计算

管道规格 in.（mm）	弯管半径（mm）	弧长（90°）
1/4（∅ 6.35 × 0.75）	15	20 mm
3/8（∅ 9.53 × 0.75）	24	35 mm
1/2（∅ 12.70 × 0.75）	40	55 mm
5/8（∅ 15.88 × 1.0）	60	90 mm

4. 每一个管口都要进行清洁处理，并及时封闭。

四、管道焊接

1. 按制作图要求进行部件连接（六根管道），做好管接头焊接准备（黄铜），做好焊接角度和插入深度控制。

2. 调节氮气压力至规定要求，连接氮气管道并通气，如图 2-2-6 所示，保证氮气流通量满足焊接要求。

焊接时连接氮气并通气

图 2-2-6　管接头焊接

3. 调节氧气和液化气压力，如图 2-2-7 和图 2-2-8 所示，进行部件焊接，完成焊接的部件如图 2-2-9 和图 2-2-10 所示。

注意：氧气减压调节

图 2-2-7　氧气压力调节操作

提示

采用氮气保护焊既要考虑氮气流量不能太小，起不到氮气吹扫杂质的作用，又要控制氮气流量不能太大，影响焊接加热。

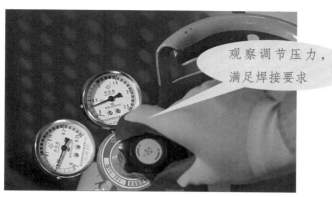

图 2-2-8　按照要求进行液化气压力调节

注意事项

　　氧气调压阀手柄退到最松状态，打开氧气瓶上的手阀，可显示氧气瓶的内压力，缓慢旋转氧气减压阀旋钮，可以观察调压阀另一个压力表的压力变化，此压力即为减压后的氧气压力。减压后的氧气压力应调到焊接所需要的压力值。

图 2-2-9　完成焊接的部件 1

图 2-2-10　完成焊接的部件 2

提示

由于铜管和黄铜接头为不同材料的焊接，需要加入焊剂并注意温度的控制。

　　4. 根据制作图把已经完成制作的管件进行布置，从右到左，依据氮气流动方向来进行回热器管道焊接，如图 2-2-11 所示。

图 2-2-11　回热器的焊接

> **注意事项**
>
> （1）本任务焊接时需要注意的是管道插入深度的控制。
>
> （2）由于加热部位距离较近，焊接操作时要特别关注焊接点的相互影响。

活动二：回热器整形和吹污保压操作

一、整形操作

1. 按照制作图的技术要求，对完工后的回热器进行长度尺寸的检测，查验误差是否达标，误差应在 ±2 mm 以内。

2. 按照制作图的技术要求，对完工后的回热器进行角度检测，查验误差是否达标，误差应小于 2°。

3. 按照制作图的技术要求，对完工后的回热器进行平整度检测，查验误差是否达标，误差应小于 2°。

4. 对完工后的工件进行整形处理，确保工件符合图纸要求。

二、吹污保压

1. 回热器在焊接等制作过程中会引起管道污染（杂质、灰尘等），需要对完工后的组件用工业氮气吹扫，称为吹污操作。吹污操作通常使用低压氮气进行吹扫，氮气压力为 0.2～0.4 MPa。

2. 吹污操作完成后，调节氮气压力，对工件进行保压，以确认工件是否密闭。保压使用的氮气压力为 1.0 MPa ± 0.1 MPa。

提示

由于回热器采用焊接制成，加热、冷却会影响成品后尺寸，需要等工件完全冷却后按照图纸的要求对回热器进行检验和整形。

想一想

回热器在制冷系统中的作用是什么？

 **总结评价**

一、评价方法

回热器制作采取主观评价与客观评价相结合的评价方式，主要为结果性评价。根据整个制冷系统安装完成后的作品，参照世赛评分标准进行综合评价打分。

二、标准评价表

根据安装完成的作品，参照表 2-2-4 至表 2-2-7 上的评价细则进行评价。

回热器的制作评价主要有：

（1）结果评价，也就是按照图纸要求进行制作后结果性（图纸尺寸）评价。

（2）操作评价，即对操作过程进行评价，比如吹污、保压、焊接压力调试等。

（3）安全评价，即根据焊接操作等规范要求进行评价。

上述三个方面的评价细分为管道加工、焊接质量、吹污与保压、健康安全与卫生四个评分项目；同时按照项目分为结果评价和过程评价。具体详见各项目评价表。

表 2-2-4　回热器管道加工评价表

序号	评价项目	评分标准	分值	得分
1	回热器管道制作——角度	直角弯管尺寸符合标准 ±2°，每条 0.2 分	2	
2		圆弧弯管尺寸符合标准 ±2°，每条 0.2 分	2	
3	回热器管道制作——尺寸	水平管尺寸符合标准 ±2 mm，每条 0.2 分	2	
4		垂直管道符合标准 ±2 mm，每条 0.2 分	2	
5	铜管端口处理	铜管端口平整、光滑，制作角度 45° 准确；每条 0.15 分	1.5	
6	铜管封口	铜管封口无松动、连接牢固	0.5	
总分			10	

表 2-2-5　回热器焊接质量评价表

序号	评价项目	评分标准	分值	得分
1	焊接端口处理	端口平整，无褶皱、毛刺，每条 0.1 分	1	
2	焊口质量	焊口焊料均匀、光亮，无砂眼、裂缝，每条 0.2 分	2	
3	焊口尺寸要求	焊口与焊口尺寸 > 20 mm，每条 0.2 分	1	
4	氮气保护焊连接正确	氮气压力调节、管路连接可靠、正确	1	
5	焊接用气压力	氧气 < 0.4 MPa、燃气 < 0.1 MPa、保护氮气 < 0.1 Mpa，调节正确，每一条 0.2 分	2	

试一试

分析图 2-2-2 所示回热器的制作难点。

想一想

图 2-2-2 所示回热器，焊接插入深度如何控制？

提示

氮气保护焊接氮气压力一般低于钎焊的氧气和燃气压力。

（续表）

序号	评价项目	评分标准	分值	得分
6	焊接安全防护	焊接做好防火、高温散热保护，每一条 0.1 分	1	
7	焊接操作过程符合规范	点火操作开启气体符合要求	0.5	
8		氮气保护焊管道连接和过程氮气控制合理	0.5	
9		焊接完成后关闭操作符合规范	0.5	
10		焊接过程中使用工具合理	0.5	
总分			10	

表 2-2-6　回热器吹污与保压评价表

序号	评价项目	评分标准	分值	得分
1	吹污氮气压力调压操作	吹污调整氮气压力 0.2 ~ 0.4 MPa，操作符合规范，记录正确	2	
2	吹污操作	吹污操作规范，管路连接正确	2	
3	吹污工具使用	吹污工具符合标准	1	
4	保压氮气压力调节操作	保压调整氮气压力 1.0 MPa ± 0.1 MPa，操作符合规范，记录正确	2	
5	保压操作	保压管路连接正确，操作规范	2	
6	保压工具使用	保压工具使用符合规范	1	
总分			10	

表 2-2-7　健康安全与卫生评价表

序号	评价项目	评价结果
1	无违反劳防用品使用规范	□ 是 / □ 否
2	无违反场地设备使用规范	□ 是 / □ 否
3	无违反工具使用规范	□ 是 / □ 否
4	无违反焊接操作规范	□ 是 / □ 否
5	工位始终保持整洁规范	□ 是 / □ 否
6	离开前断气断电	□ 是 / □ 否
7	离开 OFN 电源牌位置正确	□ 是 / □ 否
8	无领取额外材料	□ 是 / □ 否

提示

焊接管道时，焊接端口管道间隙须根据管道配合直径来控制。

 拓展学习

提示

氮气压力调节务必按照流程规定进行操作。安装完毕减压阀后，要先查看减压阀是否处于关闭状态，然后缓慢开启氮气罐阀，观察罐内压力，再调节减压阀使氮气压力符合要求。

任意弯管尺寸的计算方法

任意弯管是指任意弯曲角度和任意弯曲半径的弯管，如图 2-2-12 所示。这种弯管弯曲部分的展开长度可用下式进行计算：

$$L=\frac{\pi aR}{180}=0.01745aR$$

式中：

L——弯曲部分的展开长度（mm）

a——弯曲角度（°）

π——圆周率

R——弯曲半径（mm）

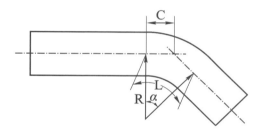

图 2-2-12 任意弯管示意图

弧形弯管也叫半圆弯、抱弯。常见弧形弯管的角度为 45° 及 60° 两种，如图 2-2-13 所示。

45° 弧形弯下料总长度计算公式为：

$$L'=\frac{\pi}{2}(R+r)+2L$$

式中：

L'——弯曲件的展开总长度（mm）

R——鼻尖弯的弯曲半径（mm）

r——膀弯的弯曲半径（mm）

L——直管段长度（mm）

提示

管道使用弯管器进行弯曲，计算时需要确定弯管器的弯曲半径。

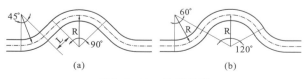

图 2-2-13 弧形弯管

60° 弧形弯管下料总长度计算公式为：

$$L' = \frac{4}{3}\pi R$$

式中：

L'——弯曲件的展开总长度（mm）

R——弯曲半径（mm）

 思考与练习

试一试

根据图 2-2-14 计算回热器所用铜管长度。

1. 为什么在回热器组件制作中常用钎焊作为管道焊接方式？

2. 对于不同的金属进行焊接时需要注意哪些事项？

3. 技能训练：按照图 2-2-14 所示制作图，完成回热器制作。

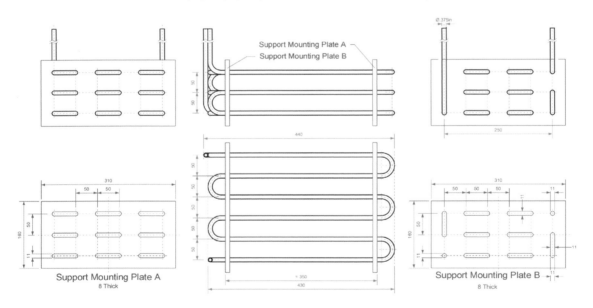

图 2-2-14　回热器制作图

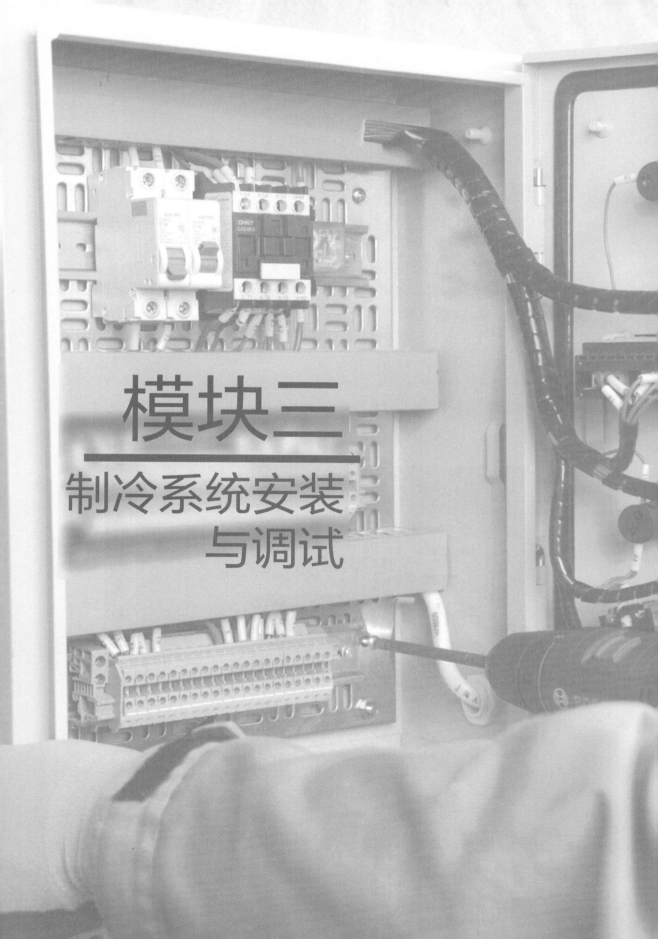

模块三

制冷系统安装与调试

对于制冷与空调系统，业内有一句话：三分制造，七分安装。也就是说制冷系统评价的大多数指标集中在安装、调试操作中。

制冷与空调安装、调试需要高水平复合型人才，对从业人员的知识和实操技能有多种要求。制冷系统安装与调试模块对技能的要求包括：系统设计技能，管工技能，焊工技能，电工技能，压力测试、抽真空、真空测试技能，制冷剂加注及测试技能，电气测试技能，制冷与电气系统调试技能，制冷与电气系统故障排查技能，制冷剂回收技能等。

本模块的任务是根据所给图纸、技术要求以及相关工程规范，完成一套制冷设备的制冷系统、电控系统的加工、安装及系统测试、调试等一系列工作，如图3-0-1所示。主要包括以下各任务：制冷系统安装、制冷电气安装、制冷系统气密性测试、制冷系统调试。

图 3-0-1　制冷系统

任务 1　制冷系统安装

 学习目标

1. 能根据任务要求选择制冷设备,并检测设备的好坏。
2. 能根据定位图合理布置制冷设备,并完成设备的安装固定,尺寸偏差为 ±2 mm。
3. 能根据系统图进行制冷管路的设计、制作和安装固定,尺寸偏差为 ±2 mm。
4. 能根据制造商的说明书进行所有零部件的安装固定。
5. 能养成严谨细致、一丝不苟、精益求精的工匠精神,树立良好的安全意识和环保意识。

 情景任务

　　本模块的任务是根据给定的制冷设备整体布置图(图 3-1-1)合理选择工具,完成制冷部件的安装;根据给定的制冷系统图(图 3-1-2)自行设计管路,完成阀件布置、系统安装与连接。

提示

根据图 3-1-1和图 3-1-2 所示,提前分析管路布置,务必遵守安装要求。

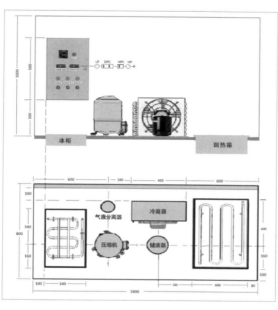

图 3-1-1　制冷设备整体布置图

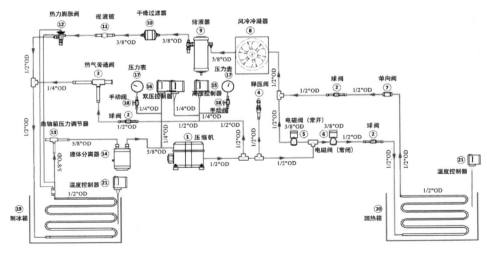

图 3-1-2　制冷系统图

1. 零部件安装要求

（1）零部件安装时，不允许超出设备底板及侧板边缘，如有安装尺寸要求，误差应≤ 2 mm。

（2）所有零部件无变形，所有附属配件安装紧密牢固、无缺损。

（3）所有零部件中有方向要求的，须遵循制冷剂的流动方向；有固定要求的，须安装牢固。

（4）为保证有足够的维修空间，安装板、表板、机组、电箱、水箱、零部件、铜管及其管码、电缆及其线码间的安装间隙不得小于 10 mm。

2. 管道加工、安装要求

（1）管道加工、安装时，不允许超出机组底板及侧板边缘；所有管道不能有相碰、扭曲、扁平等损坏以及明显伤痕。

（2）管道与底板、侧板边缘平行，每 100 mm 的平行度误差应≤ ±2 mm；有尺寸要求的管道，误差应≤ 2 mm；有角度要求的管道，误差应≤ 2°。

（3）所有管道分叉必须采用合适的三通，必须让主管道进出口为同一轴线。

（4）所有配管应考虑制冷剂状态以及流动方向；压力表、压力开关连接管道必须选择三通的旁通向上连接口。

提示

制冷循环管道与其他管道的三通，以制冷循环管道为主通道；制冷管道分配给不同的冷热负荷部件的三通，以冷热负荷较大的为主通道。

想一想

为什么压力表、压力开关连接管道必须选择三通的旁通向上连接口？

 **思路与方法**

根据给定图纸，完成制冷系统搭建，考核选手对制冷系统的组成是否有深度理解，是否能根据系统的工作原理规范化地实现系统布局、管道（阀件、设备）和电气控制管线的布设。

一、制冷系统安装包括哪些内容?

制冷系统由四大部件(压缩机、冷凝器、节流装置、蒸发器)和密闭管路连接而成。但在实际的制冷系统中,为了改善系统运行性能,还会增加不少部件,包括回热器、控制阀件(电磁阀、球阀等)、储液器、气液分离器、油分离器、过滤器、视液镜、安全控制阀、高低压控制器、高低压表等;为了进一步提高控制精度,还会设置蒸发压力调节阀(也叫背压阀)、曲轴箱压力调节阀(吸气压力控制阀)、冷凝压力调节阀、热气旁通阀等常用控制阀件。

想一想

蒸发压力调节阀、曲轴箱压力调节阀、热气旁通阀的作用是什么?

二、制冷设备定位有哪些要求?

作为制冷系统组装的第一步工作,制冷设备的定位安装非常重要。根据制冷设备整体布置图(图 3-1-1),制冷系统需要定位安装的设备主要有压缩机、冷凝器、储液器、气液分离器。制冷系统设备的布置应根据制冷流程以及便于使用和管理进行综合考虑,且主要应考虑使用。压缩机要尽量靠近蒸发器、冷凝器,以缩短它们之间的连接管道,减小管道的流动阻力与冷量损失。

制冷设备的定位安装过程依次为:设备检测、画线定位、设备就位、固定安装。设备定位时要注意管路连接走向,并预留管路通道和维修空间。

三、管路安装有哪些要求?

制冷系统管道主要包括排气管(从压缩机排气截止阀至冷凝器入口之间的管路)、液体管(从冷凝器出口至蒸发器入口之间的管路)和回气管(从蒸发器出口至压缩机吸气截止阀之间的管路)等。制冷系统对管道的材质和安装均有特殊要求。

管道设计是否得当不但关系到制冷系统的正常运行,而且对制冷系统设备的性能发挥也有很大的影响,故管道设计必须精心考虑、周密计划,以确保制冷系统的正常工作。管道设计、安装主要有以下几步。

(1)管道设计。根据制冷系统图和技术要求,测量各设备之间的距离,再按照规范和工艺流程,设计系统管道的布置走向。

(2)零部件安装。根据设计的系统管道布置走向,安装管路上的各零部件,注意零部件须按制冷剂流动方向安装。

(3)管道制作。根据设计的系统管道布置走向下料、加工制作各管路。

(4)管道组装。将各管段预装好,根据要求焊接或螺纹连接管道管口,并按规范用管码固定。

想一想

为什么压缩机出口管道需要制作 U 形弯?

掌握管道零部件安装的技术要求、步骤和方法，明确管道的安装工艺，是高质量完成管道安装的必要措施。

想一想

管码固定间距是否有要求？

四、制冷系统安装需要哪些工具？

制冷系统的安装涉及多方面工序，主要有制冷设备的定位安装、管路设计制作与安装固定、阀件的安装等，需要用到多种工具，详见表3-1-1。

表 3-1-1　制冷系统安装常用工具

名称	图样	名称	图样
尺	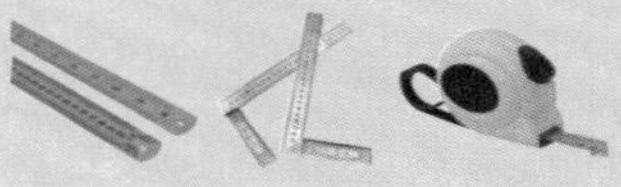	锂电池手电钻	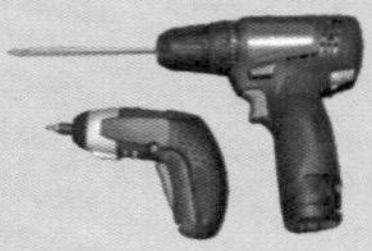
扳手	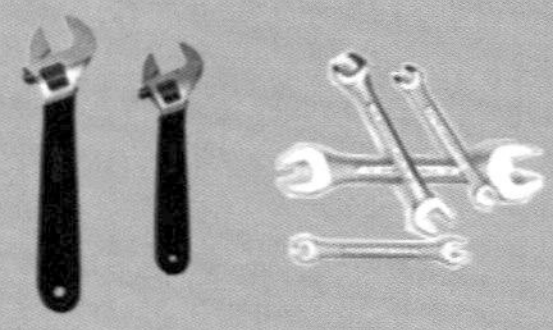	钻头	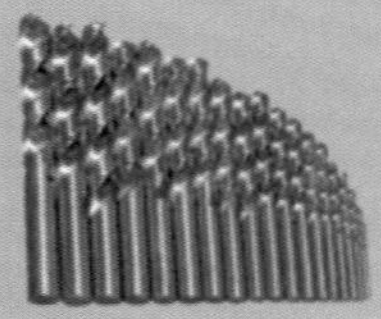
螺丝刀		批头	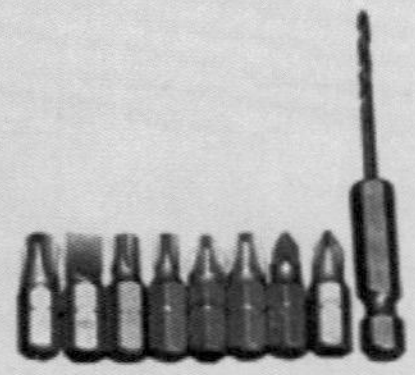
弯管器	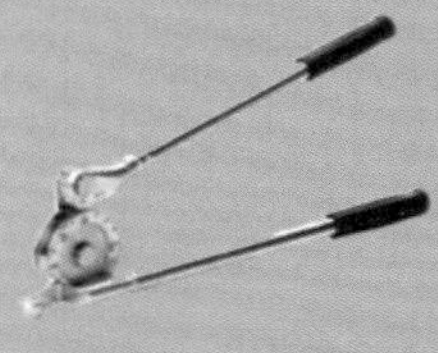	扩管器	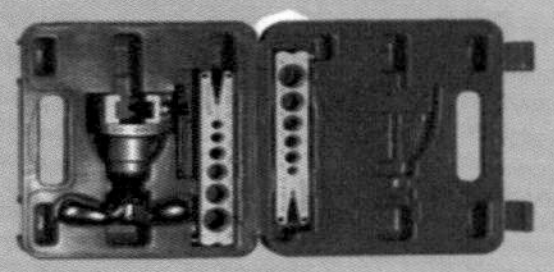
割刀		焊炬	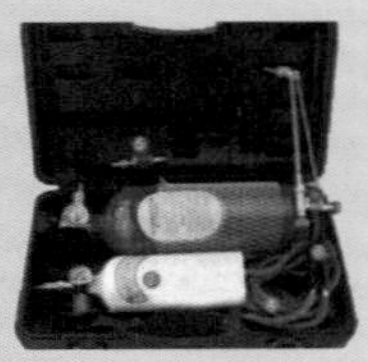

活动

活动一：制冷设备定位、安装

在设备平台上，按要求选取专用工具及合适的材料，根据提供的布置图（图 3-1-1）、技术要求以及相关工程规范安装制冷设备。

一、制冷设备检测

1. 收到设备后，立即对运输过程中可能发生的损坏进行检查。

2. 检查型号、规格是否与合同相符。检查无误后可启封设备，如图 3-1-3 和图 3-1-4 所示。

提示

设备如有明显损坏，应立即以书面形式向运输公司申报。

提示

压缩机、冷凝器内封有干燥氮气，启封时应注意有氮气喷出。

图 3-1-3　启封压缩机

图 3-1-4　启封冷凝器

二、按图布置安装制冷设备

1. 合理选择工具，按照图 3-1-5 所示的压缩机布置图，在设备平台上完成压缩机的画线定位，如图 3-1-6 所示。

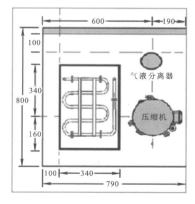

图 3-1-5　压缩机布置图

图 3-1-6　压缩机的画线定位

2. 选择大小合适的钻头，使用锂电池手电钻在平台上画定的压缩机位置上钻孔，如图 3-1-7 所示。

3. 选择合适的紧固件和工具，把压缩机安装在给定的位置上，如图 3-1-8 所示。

图 3-1-7　压缩机安装位钻孔　　　　图 3-1-8　压缩机安装

4. 与安装压缩机的方法相同，逐一把冷凝器、储液器、气液分离器等设备安装在给定的位置上，如图 3-1-9 至图 3-1-11 所示。制冷部件安装应牢固，安装过程必须符合操作规范。

图 3-1-9　冷凝器安装　　　　　　　图 3-1-10　储液器安装

图 3-1-11　气液分离器安装

注意事项

（1）冷凝器的风机位置应背向制冷压缩机，不得有大件物品阻碍进出风口。进风口与阻碍物的距离应大于 100 mm，出风口与阻碍物的距离应大于 200 mm。

（2）高压储液器应靠近冷凝器安装。

活动二：管道设计、安装

一、准备工作

1. 准备好符合要求的阀件、材料、工具、测量器具等。

2. 检查钎焊设备、工具、测量器具等。

3. 对制冷零部件进行检查。

（1）对于螺纹口，应检查密封螺纹有无损伤。

（2）应检查热力膨胀阀是否完好，特别是感温包、毛细管。

（3）电磁阀在安装前须检查其是否灵活可靠。

二、操作流程

1. 管道的布置设计

根据制冷设备整体布置图和技术要求，现场测量各部件之间的距离。按照规范和工艺流程，设计管道的布置，在平台和侧板上画出设计的管路走向，如图 3-1-12 所示。

图 3-1-12　设计管路的布置　　　图 3-1-13　制冷零部件的安装

提示

应考虑好哪些零部件要安装在平台上，哪些零部件要安装在侧板上。

2. 安装制冷零部件

根据管路设计布置，将干燥过滤器、电磁阀等安装到平台的设计位置上，如图 3-1-13 所示。暂时不能安装的零部件（能量调节阀、曲轴箱压力调节阀等）可先放在设计位置，便于后续的管路设计。

3. 管路设计

根据管路的走向及安装、放置的零部件，进行零部件之间管道的布置设计。应考虑制冷剂状态以及流动方向，便于后续的安装操作。

提示

各零部件须按制冷剂的流动方向安装，各零部件之间的距离应便于操作和维修。

> **注意事项**
>
> （1）所有管道不能相碰，保证有足够的维修空间。
>
> （2）管道制作安装时，不允许超出机组底板及侧板边缘。
>
> （3）管道布置设计时，也需要考虑布局合理以及支架的安装。

4. 管道制作

按照管道的布置设计下料、加工制作各管道。首先截取适当长度的铜管，对照实物进行弯管等制作；其次对管道端口进行扩喇叭口（用于螺纹连接）或扩杯形口（用于焊接连接）操作。

提示

通向压缩机的回气管要有 1°~3° 的倾斜坡度；压缩机的排气管要有 180° 的避震弯。

> **注意事项**
>
> （1）所有管道不允许超出操作平台底板及侧板边缘，并与底板及侧板边缘平行。
>
> （2）所有焊接管道切割后，须进行去除毛刺和表面清洁处理。
>
> （3）喇叭口制作须去除毛刺，光滑无裂痕。喇叭口大小要适当，其面积应大于纳子（螺纹连接头）面积的 50%，小于 100%。
>
> （4）杯形口制作须去除毛刺，光滑无裂痕，承接深度大于 0.8 倍且小于 1.2 倍的管道直径。

5. 管道吹污

打开氮气瓶阀，调节减压阀，使氮气压力为 0.4~0.6 MPa。按要求连接好须吹污的管路，打开氮气阀，用手堵住管路排气口，压力增加到无法抵住时，突然释放管口（一次吹洗）。重复以上步骤，进行多次吹污（多次吹洗）。

6. 管道组装

将各段液体管路的管道预装好。零部件须按制冷剂的流动方向安装，注意阀件的进口、出口连接。

提示

氮气瓶压力数据以气站压力表显示为准。

想一想

充氮时，如无流量计，怎样操作可以进行流量控制？

提示

零部件须按规定用管码或专用固定码进行固定。

> **注意事项**
>
> （1）焊接时，将需要焊接的管道管口预装好，同时在另一端管口处充入氮气（充氮压力小于 0.2 MPa，流量要求为 3~5 L/min）。采用中性焰焊接。
>
> （2）焊接过程中，须做好零部件隔热、散热保护。
>
> （3）螺纹连接的管口采用双扳手规范操作、拧紧。

7. 管道固定

管道组装好后，用管码固定在底板和侧板上。按照系统图和技术要求再检查一遍，以保证各制冷零部件与管道连接、安装正确、牢固。

 总结评价

一、评价方法

本任务采取主观评价与客观评价相结合的评价方式，主要为结果性评价。根据整个制冷系统安装完成的作品，参照世界技能大赛评分标准进行综合评价打分。

二、标准评价表

根据安装完成的作品，参照表 3-1-2 至表 3-1-5 的评价细则进行评价。

表 3-1-2　制冷设备安装评价表

序号	评价项目	评分标准	分值	得分
1	压缩机安装尺寸	误差 < ±2 mm	2	
2	冷凝器安装尺寸	误差 < ±2 mm	2	
3	储液器安装尺寸	误差 < ±2 mm	1	
4	气液分离器安装尺寸	误差 < ±2 mm	1	
5	压缩机固定	安装正确，固定牢固	1.5	
6	冷凝器固定	安装正确，固定牢固	1.5	
7	储液器固定	安装正确，固定牢固	0.5	
8	气液分离器固定	安装正确，固定牢固	0.5	
总分			10	

想—想

制冷设备安装评价表中为什么没有水平度要求？

表 3-1-3　制冷系统零部件安装评价表

序号	评价项目	评分标准	分值	得分
1	全部零部件安装及连接完成	安装紧密牢固、无缺损，连接正确	1	
2	过滤器安装符合标准	位置合理，安装正确，用专用码固定	1	
3	视液镜安装符合标准	位置合理，安装正确	0.5	
4	电磁阀安装符合标准	位置合理，方向正确	1	
5	球阀安装符合标准	位置合理，安装正确，用专用码固定	1	

（续表）

提示

压力表安装时，如采用左右布置，要遵循"高压在右、低压在左"的顺序；如采用上下布置，要遵循"高压在上、低压在下"的顺序。

序号	评价项目	评分标准	分值	得分
6	热气旁通阀安装符合标准	位置合理，安装正确	1	
7	曲轴箱压力调节阀安装符合标准	位置合理，安装正确	1	
8	单向阀安装符合标准	位置合理，方向正确	0.5	
9	压力控制器、压力表安装符合标准	位置合理，连接正确	2	
10	热力膨胀阀安装符合标准	位置合理，安装正确，感温包固定合理	1	
	总分		10	

表 3-1-4　制冷系统管路安装评价表

序号	评价项目	评分标准	分值	得分
1	全部管路安装及连接完成	布置合理，连接正确，考虑制冷剂状态以及流动方向	1	
2	液体管路	误差 < ± 2 mm，± 2°	3	
3	气体管路	误差 < ± 2 mm，± 2°	3	
4	管路固定	< 400 mm	1.5	
5	热力膨胀阀感温线固定	< 200 mm	0.5	
6	阀件固定	用专用码固定	1	
	总分		10	

表 3-1-5　安全操作评价表

序号	评价项目	评价结果
1	无违反劳防用品使用规范	□ 是 / □ 否
2	无违反场地设备使用规范	□ 是 / □ 否
3	无违反工具使用规范	□ 是 / □ 否
4	无违反管道制冷零件保持封口	□ 是 / □ 否
5	工位始终保持整洁规范	□ 是 / □ 否
6	离开前断气断电	□ 是 / □ 否
7	离开 OFN 电源牌位置正确	□ 是 / □ 否
8	无领取额外材料	□ 是 / □ 否

拓展学习

洛克环管道连接技术

19 世纪 60 年代，美国国家航空航天局发明了 LOKRING（洛克林）管接头，用于美国航天飞机燃料管道连接。若干年后，德国福尔康（VULKAN）公司将该专利买下并成立了福尔康洛克林（VULKAN LOKRING）公司，将其应用到民用领域。

洛克环管道连接技术是利用冷挤压塑性变形原理，可以在不同管道材料之间紧密连接。目前，常见的有铝—铝、铝—铜、铜—铜、铜—钢、钢—钢等材料的连接。在小型管道连接中运用可以避免动火操作，满足了制冷管道安装、维修操作中易燃易爆制冷剂系统严禁动火操作的需求。连接后，管道名义压力 PN 为 7 MPa，适用温度范围为 −50℃~150℃。

1. 连接原理

洛克环连接管道的原理是利用外力挤压管道使之变形，在管道的径向均匀地与衬套紧密接触，通过形成密封面来实现管道的连接。再加上压接前滴加的密封液，在压接到位后很快固化，彻底封死所有轴向的泄漏缝隙。

洛克环连接管道必须使用专用工具。专用工具的设计符合人体工学，使用时可用人力或外接动力源，完成连接工作。

2. 连接的操作步骤

（1）管道的末端处理

为了确保连接的密闭，管道末端要保持光洁，没有加工过程产生的纵向沟槽。使用洛克环专用砂纸和清洁布处理管道末端（表面干净的管道无须处理），如图 3-1-14 所示。必要时使用倒角器去除管口毛刺。

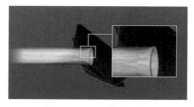
图 3-1-14 末端处理

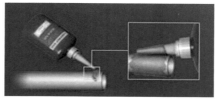
图 3-1-15 涂密封液

（2）涂密封液

使用导管将密封液涂在管口外表面，使管口外表面的圆周都处于湿润状态。涂密封液时，要离管口 1 mm 以上开始涂，避免液体流入管口内侧，如图 3-1-15 所示。

说一说

说说用洛克环连接管道的主要优点。

说一说

请说出洛克环连接的主要技术参数（承受压力、温度范围等）。

（3）插入管道

将涂好密封液的管道端部插入连接体内部。确认管道末端顶到连接体内部的限定位置，并保持位置不动，如图 3-1-16 所示。

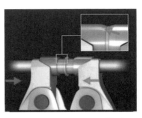 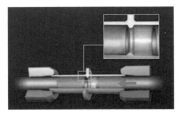

图 3-1-16　插入管道　　　　　图 3-1-17　压接

提示

洛克环压接须保持用力方向稳定，不可在压接操作中有弯曲、扭转的用力操作。

（4）压接

用压接钳的钳口顶住环的末端，双手反复推动压接钳臂，钳口沿着洛克环的轴向施加压力，直到将洛克环推到限定位置，如图 3-1-17 所示。

 思考与练习

1. 为什么压力表、压力开关连接管道必须选择三通的旁通向上连接口？

2. 如何区分蒸发压力调节阀、曲轴箱压力调节阀、能量调节阀？

3. 技能训练

（1）单环压接：用洛克环（单环）专用工具将一根 Ø6.52 mm（1/4 英寸）的铜管和一根同样直径的铝管连接起来。

（2）复合环压接：用洛克环（复合环）专用工具将两根 Ø9.35mm（3/8 英寸）的铜管连接起来。

任务 2　制冷电气安装

学习目标

1. 能根据任务要求选择电气零部件，并检测零部件的好坏。
2. 能合理布线，电缆、电线保持横平竖直。
3. 能使用合适的接线端子，不露铜，无破损，并保证全部固定牢固。
4. 能合理使用仪表完成通电前测试和通电试运行。
5. 能养成严谨细致、一丝不苟、精益求精的工匠精神，树立良好的安全意识和环保意识。

情景任务

与制冷设备和管路系统配套的电气控制（强、弱电）系统是制冷系统安装的重要组成部分，包括电源接入系统、电源控制柜、温度传感器、压力传感器、安全控制系统以及电气管线布置和安装。

本任务是要完成制冷系统的电气安装。要根据给定的设备布置图（图 3-2-1）、电控箱端子分配图（图 3-2-2）和电气原理图（图 3-2-3），自行设计线路布置，并选择合适的工具接通制冷系统全部设备和零部件的电气线路。

提示

制冷电气安装操作须熟悉电气安装技术规范和任务技术文件要求。

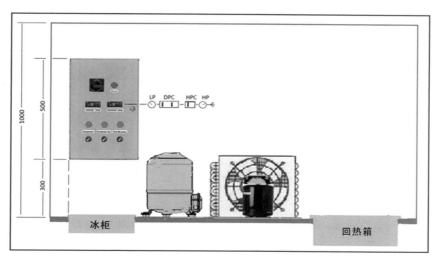

图 3-2-1　设备布置图

1. 电气零部件安装要求

（1）要遵从产品说明书的安装要求，如有安装尺寸要求，误差应小于等于 ±2 mm。

（2）零部件不允许超出设备整体边缘。

（3）电气零部件外壳完整、牢固，不能缺少和损坏任何附属配件，无变形、损坏的痕迹。

2. 布线要求

（1）电缆、电线严禁直接驳接，如果需要驳接，必须使用专用接线盒及驳接端子排进行驳接。

（2）电缆、电线终端以及弯折部位不能过紧受力，须预留 10~15 mm 的长度。

（3）电线、电缆表皮无露线、无露铜、无破损、无明显划痕，绝缘层切口处保持齐整。

（4）电线终端连接使用合适的接线端子，与电线内导线连接齐整，不断丝、不露铜、无变形、无破损、无松动；有绝缘保护套的端子必须使用绝缘保护套，绝缘保护套必须不露铜、无破损。

（5）所有电线、电缆布线，不能安装在制冷管道及零部件下方，要保持规范距离。

想—想

电线、电缆能否从制冷管道及零部件的下方通过？

  思路与方法

一、制冷系统的电气控制系统由哪些部分构成？

制冷系统的电气控制系统主要由温度（压力）控制系统、压缩机控制系统和融霜控制系统组成。这些系统是相互关联的，当温度控制系统工作时，压缩机控制系统也随之开始工作。控制元件包括高低压压力控制器、冷凝压力控制器、温度控制器、电磁阀、化霜温度控制器等。

二、如何识读电气原理图？

制冷系统的电气原理图分为主电路和控制电路两部分。主电路是供给电气设备电源的电路，受控制电路的控制。控制电路由开关、按钮、温度继电器、压力控制器、信号指示灯、接触器、继电器构成。看懂电气原理图的关键是要懂得并熟记电气图形符号的含义。看图的顺序是先看主电路，再看控制电路。

Function Text	External Target			Internal Target	Function Text
接主电源	-L1		1	-Q1	未连接开关
			2	-F2	断路器（控制）
			3	-S1	压缩机选择开关
			4	-B2	恒温冷水
			5	-B3	恒温热水
从主电源接入	-PE		6	-PE_PNL	地面电路板
地面工作台	-PE_FR		7		
压缩机	-M1		8		
冷凝器风扇	-M2		9		
双压控制器	-F1F		10		
高压控制器	-F2F		11		
电磁阀1	-Y1		12		
电磁阀2	-Y2		13		
			14		
			15		
压缩机	-M1		16	-K1	压缩机触点
冷凝器风扇	-M2		17	-K2	冷凝器风扇触点
恒温冷水	-B2		18	-S1	压缩机选择开关
双压控制器	-F1F		19	-B2	恒温冷水
双压控制器	-F1F		20	-K1 / -H2	压缩机触点 / 压缩机工作指示灯
冷水温度探测器	-P1		21	-B2	恒温冷水
冷凝器风扇选择开关	-S2		22	-B2	恒温冷水
恒温热水	-B3		23	-K1	压缩机触点
高压控制器	-F2F		24	-S2	冷凝器风扇选择开关
高压控制器	-F2F		25	-K2 / -H3	冷凝器风扇触点 / 冷凝器风扇工作指示灯
回热选择开关	-S3		26	-B3	恒温热水
电磁阀1（常开）	-Y1		27	-S3	回热器选择开关
电磁阀2（常闭）	-Y2		28	-H4	回热器工作指示灯
热水温度探测器	-P2		29	-B3	恒温热水
热水温度探测器	-P2		30	-B3	恒温热水
			31		
			32		
			33		
			34		
			35		
主电源接入N	N		36	-Q1	未连接开关
未连接开关	-Q1		37	N	电路控制
恒温冷水	-B2		38		
恒温热水	-B3		39		
压缩机	-M1		40		
冷凝器风扇	-M2		41		
电磁阀1（常开）	-Y1		42		
电磁阀2（常闭）	-Y2		43		
			44		
			45		

图 3-2-2 电控箱端子分配图

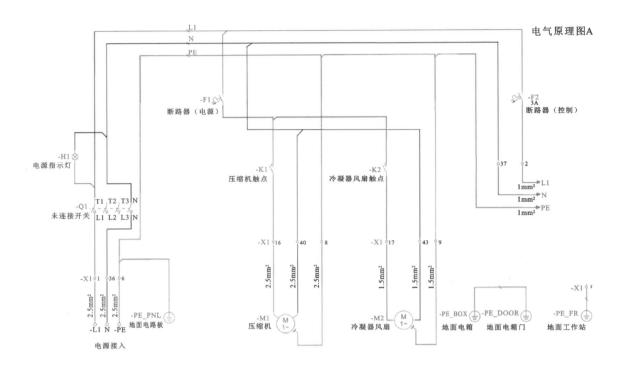

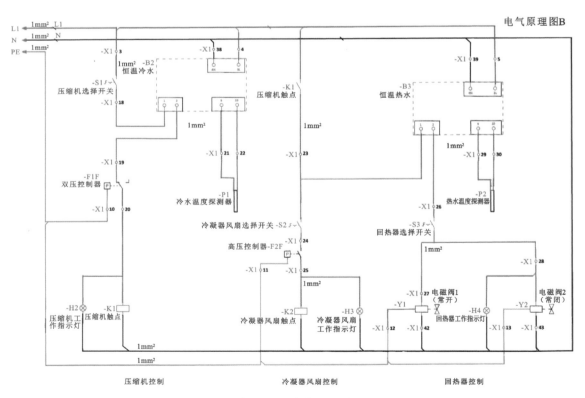

图 3-2-3　电气原理图

三、制冷系统的电气控制系统需要安装哪些电气部件及电路？

制冷系统的电气控制系统安装主要包括电气控制箱、电气控制器件安装、制冷电气电路布线、传感器控制线、线路固定等。

其中，主电路的作用是给压缩机、风机等主要用电设备供电，所以通过的电流较大。控制电路主要是给控制器及其外围的电器元件如交流接触器、过流保护器等供电；保护电路则是把机组的各种保护反馈给控制器或通过控制电路实现保护的回路。

提示

安装电器元件时，务必对元件进行检测，确保安装有效合格。

四、需要进行哪些电气测试？

电气电路接线完成后，在电路通电前，须进行总电路检测，并按规定进行通电测试，完成所有必需的安全检查后才能确保设备安全运行。

电气测试分为通电前测试和通电试运行。

五、电气控制系统安装需要哪些工具？

制冷电气控制系统的安装主要有电气控制部件的定位安装、线路布置安装固定、电气测试等，要用到多种工具，常用工具见表 3-2-1。

表 3-2-1 电气安装、测试常用工具

名称	图样	名称	图样
电工刀		锂电池手电钻	
螺丝刀		批头	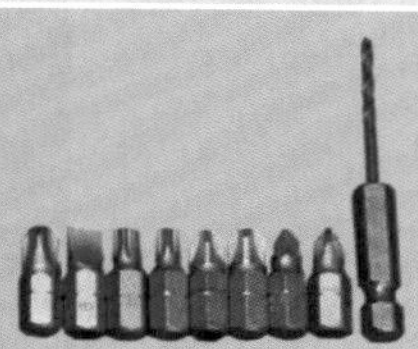
剥线钳	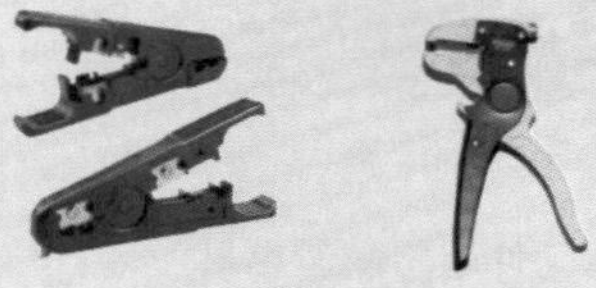	压线钳	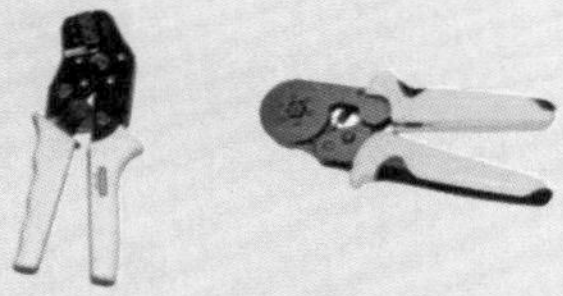
万用表	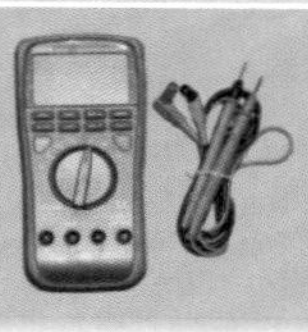	钳形电流表	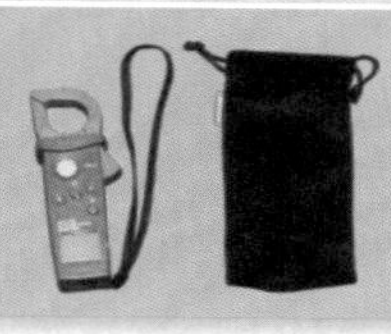

（续表）

名称	图样	名称	图样
兆欧表		试电笔	

想一想

用兆欧表测量
包含大容量电
容器的设备后
应做什么善后
操作?

活动

活动一：电气控制系统安装

一、电气零部件检测

1. 检查各电器元件型号、规格是否与要求相符。

2. 检测各设备、电器元件电阻（图 3-2-4 至图 3-2-6），将结果填入表 3-2-2 中，判断阻值是否正常。

图 3-2-4　压缩机电阻检测

图 3-2-5　冷凝器风机电阻检测

图 3-2-6　电器元件电阻检测

表 3-2-2　各设备、电器元件电阻测量结果

压缩机 C 与 S 电阻	
压缩机 C 与 R 电阻	
压缩机 S 与 R 电阻	
冷凝器风机电阻	

（续表）

常开电磁阀电阻	
常闭电磁阀电阻	
回热水箱传感器电阻	
冷水箱传感器电阻	

二、布置安装电控箱

1. 选择合适的工具，按照如图 3-2-7 所示的电控箱布置图在设备平台上完成电控箱的画线定位，如图 3-2-8 所示。

提示

测量设备、电器元件电阻值万用表必须有 ×1 Ω 或 ×10 Ω 的挡位。

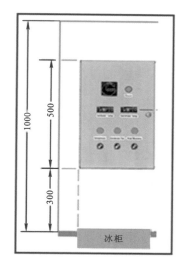

图 3-2-7 电控箱布置图

图 3-2-8 画线定位

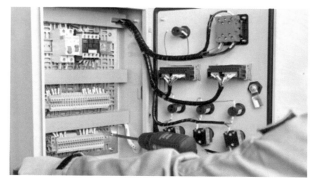

图 3-2-9 电控箱安装

2. 选择合适的工具和紧固件，把电控箱安装在给定的位置上，如图 3-2-9 所示。

提示

电控箱安装要做到金属电控箱可靠接地，并检测接地电阻是否符合技术文件要求。

注意事项

安装过程中不允许设备通电。

三、电气电路布线

1. 准备工作

选择合适的设备、材料、仪器仪表、工具、测量器具；检查剥线钳、压线钳、导线、接线端子等。

2. 电路布线

测量电气控制箱到各电气元器件的距离，截取相应规格、长度的导线。做到布线整齐，线路走线合理、横平竖直、分布均匀。

3. 制作接线端子

先用剥线钳对截取的导线进行剥线，剥线的线头长度应根据接线端子（图 3-2-10）的型号、规格确定，一般为 8~10 mm；然后用压线钳制作接线端子。

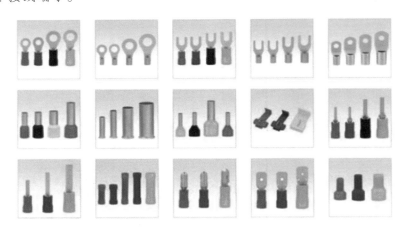

图 3-2-10　接线端子

注意事项

选择合适的接线端子，与端子排连接的导线须采用冷压端子连接。应根据电气原理图选择线型。

4. 连接线路

根据电气原理图（图 3-2-3）、端子分配图（图 3-2-2），将制作完成的导线依次连接到电气元器件与电气控制箱端子排，并检查接线是否牢靠。

提示

地线必须使用符合规格的圆形端子与地线排相连。

注意事项

（1）用螺丝刀接线时，用力要适中，防止用力过大而使螺栓、螺母的螺纹损坏（滑丝）。

（2）用螺钉旋具紧固或松动螺钉时，必须用力使螺钉旋具顶紧螺钉，防止螺钉旋具与螺钉打滑，造成螺钉损伤且不易拆装。

（3）导线接头连接时，要求接触面光滑且无氧化现象，接触要紧密，接头电阻要尽可能小。

5. 捆扎固定

信号导线（压力、温度传感线）须与电力导线分开走线及固定，信号导线与电力导线的距离应大于 10 mm。

注意事项

（1）电缆、电线布线时，要使用专用线码约束固定，固定间距应小于 200 mm。

（2）两条或两条以上的电缆并排布线时，要使用尼龙扎带绑定约束，约束长度应小于 100 mm。

（3）使用尼龙扎带时，扎带尾平齐于扎带锁扣，且不得凸出。

活动二：电气控制系统测试

一、通电前测试

1. 对照电气原理图，逐一检查接线是否正确，导线的连接是否牢固。

2. 使用万用表和兆欧表检查所有电气连接的零线、地线的电阻、绝缘电阻，以及插头的电阻、绝缘电阻和电源的电压、相位等，完成如表 3-2-3 所示的测试报告。

表 3-2-3　通电前检测测试报告

通电前，是否确保元件固定牢靠、安装正确、零件齐全	□是 / □否
所有电气连接的零线是否进行过检测	□是 / □否
所有电气连接的地线是否进行过检测	□是 / □否
所有电气连接的电阻是否进行过检测	□是 / □否
所有电气连接的绝缘电阻是否进行过检测	□是 / □否
通电前，插头电阻是否进行过检测	□是 / □否
通电前，插头绝缘电阻是否进行过检测	□是 / □否
通电前，电源的电压、相位是否进行过检测	□是 / □否

提示

通电测试是制冷电气安装操作的关键步骤，是确保开机操作顺利的必备要求。

二、通电试运行

提示

绝缘电阻测试时，兆欧表输出电压必须大于 500 V。

　　在安全员监护下，进行通电试运行。合上空气开关，按下启动按钮，观察压缩机、冷凝器风机、电磁阀等是否工作。在观察过程中，如果遇到异常现象，应立刻停机，并检查故障原因。

　　通电试运行过程中应全程观察系统的启动电流和运行电流，应在正常的范围内。完成表 3-2-4 的检测报告。

表 3-2-4　通电试运行测试报告

设备通电时，是否检测过有无漏电情况	□是 / □否
设备通电时，是否检测过启动电流和运行电流	□是 / □否
是否一次通电成功	□是 / □否

 **总结评价**

一、评价方法

　　本任务采取主观评价与客观评价相结合的评价方式，主要为结果性评价。根据整个电气控制系统安装操作过程及完成的作品，参照世界技能大赛评分标准进行综合评价打分。

想一想

如何判断压缩机的电气测试结果是否准确？

二、标准评价表

　　根据安装完成的作品，参照表 3-2-5 至表 3-2-7 中的评分细则进行评价。

表 3-2-5　电气安装评价表

序号	评价项目	评分标准	分值	得分
1	全部安装及连接完成	安装紧密牢固、无缺损，连接正确	2	
2	电控箱安装尺寸	误差 < ±2 mm	2	
3	电控箱固定	安装正确，固定牢固	1	
4	接线端子质量符合标准	不露铜，无破损	1	
5	接线牢固、无松动	布置合理，连接牢固	1	
6	布线合理	横平竖直，电力导线、信号导线分开走线	2	
7	电线、电缆固定符合标准	使用线码固定，固定长度不超过 200 mm	1	
	总分		10	

表 3-2-6　电气测试评价表

序号	评价项目	评分标准	分值	得分
1	压缩机 C 与 S 电阻	测量误差 < ±0.5 Ω	0.5	
2	压缩机 C 与 R 电阻	测量误差 < ±0.5 Ω	0.5	
3	压缩机 S 与 R 电阻	测量误差 < ±0.5 Ω	0.5	
4	冷凝器风机电阻	测量误差 < ±5 Ω	0.5	
5	常开电磁阀电阻	测量误差 < ±50 Ω	0.5	
6	常闭电磁阀电阻	测量误差 < ±50 Ω	0.5	
7	回热水箱传感器电阻	测量误差 < ±1 Ω	0.5	
8	冷水箱传感器电阻	测量误差 < ±1 Ω	0.5	
9	通电前检测	测量方法正确	4	
10	通电试运行	机组运行正常	1	
11	一次通电	通电一次成功	1	
	总分		10	

表 3-2-7　安全操作评价表

序号	评价项目	评价结果
1	无违反劳防用品使用规范	□ 是 / □ 否
2	无违反场地设备使用规范	□ 是 / □ 否
3	无违反工具使用规范	□ 是 / □ 否
4	工位始终保持整洁规范	□ 是 / □ 否
5	离开前断气断电	□ 是 / □ 否
6	离开 OFN 电源牌位置正确	□ 是 / □ 否

（续表）

序号	评价项目	评价结果
7	无领取额外材料	□是 / □否
8	垃圾分类正确	□是 / □否

 拓展学习

数字电子式温度控制器

查一查

NTC 的工作原理。

数字电子式温度控制器（图 3-2-11）是一种精确的温度检测控制器，可以对温度进行数字化控制。温控器一般采用 NTC 热敏传感器或者热电偶作为温度检测元件，它的原理是：将 NTC 热敏传感器或者热电偶设计到相应电路中，NTC 热敏传感器或者热电偶随温度变化而改变，就会产生相应的电压电流改变，再通过微控制器对改变的电压电流进行检测、量化显示出来，并做相应的控制。数字电子式温度控制器具有精确度高、灵敏度高、直观、操作方便等特点。

图 3-2-11　数字电子式温度控制器

温度巡检仪

查一查

目前数显巡检仪的检测精度范围。

温度巡检仪（图 3-2-12）是一种能巡回显示多个温度监测点温度变化的仪器。它适用于信号点位多但变化不是很快或者响应速度要求不高的场合，例如通信机房、办公室、车间、仓库、医院、档案馆、冷库、试验设备、暖通空调、农业养殖等环境的温度、湿度测量，也适用于工业生产、医疗、食品、水电、水利等行业的温度、压力、液位测量。

图 3-2-12　温度巡检仪

温度巡检仪适用于多点测量显示和控制,集多台仪表的功能于一体,一般可巡检 1~64 路测量信号,与各类传感器、变送器配合使用时,可对多路温度、压力、液位、流量、重量等工业过程参数进行巡回检测。

 思考与练习

1. 为什么检测绝缘电阻须在开机调试前进行?
2. 通电试运行不成功,主要有哪些原因?
3. 技能训练:根据给出的图纸(图 3-2-13),完成制冷电气控制系统的安装。

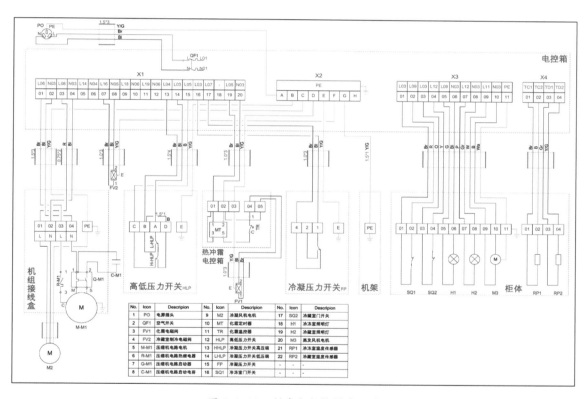

图 3-2-13 制冷电气控制系统图

任务3　制冷系统气密性测试

学习目标

1. 能正确选择制冷系统气密性测试所需工具。
2. 能根据要求完成制冷系统压力测试操作，保证系统测试压力满足规定要求。
3. 能根据要求完成制冷系统真空测试操作，系统真空度符合规定要求。
4. 能养成严谨细致、一丝不苟、精益求精的工匠精神，树立良好的安全意识和环保意识。

情景任务

　　在上个任务中，已按照图3-3-1所示的原理图，完成了制冷系统的安装。安装完毕的制冷系统实图如图3-3-2所示。本任务将按照下列要求对该系统进行气密性测试。

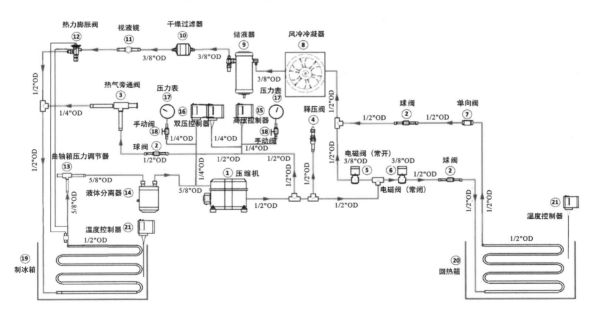

图3-3-1　制冷系统原理图

图 3-3-2 制冷系统安装完成的实图

1. 系统压力测试要求

（1）对系统进行初次检漏。初次检漏所用的氮气压力为 0.2～0.4 MPa。

（2）正式检漏时，将氮气调高至 1.0±0.1 MPa，并进行检漏。要求保压 10 分钟，并确认系统压力表数值不下降。

2. 真空测试要求

（1）按照系统管路布置要求合理进行抽真空管道连接，按规范进行抽真空测试操作。

（2）抽真空结束后，断开系统和真空泵的连接。真空保压 10 分钟后记录系统压力。

（3）系统压力 ≤ 3000 μmHg，方可进行充注制冷剂操作；系统压力大于 3000 μmHg，要查找漏点并进行补漏操作，再重复以上真空测试操作步骤。

想一想

为什么第一次充氮压力测试的压力值小于第二次？为什么要进行两次充氮压力测试？

思路与方法

制冷系统安装完毕后，必须确认制冷系统气密性是否完好。确认制冷系统气密性是否完好的方法是进行系统的压力测试和真空测试。

一、为什么要进行制冷系统气密性测试？压力测试范围是多少？

制冷系统是一个密闭系统，在外部驱动力（压缩机）的推动下，制冷剂在系统各部件之间流动而完成相变，实现制冷。

如果系统不密封，当系统压力大于当地大气压时，系统中的制冷剂便会往外渗漏。制冷剂的渗漏不仅会使系统失去制冷功能，严重泄漏时还可能会使人窒息或中毒、产生爆炸，污染环境并造成经济损失。

如果系统不密封，当系统压力小于当地大气压时，外界空气和其他不凝性气体易渗透进系统中。外界空气和其他不凝性气体混入系统后随制

提示

大多数制冷剂比重比空气大，所以泄漏后可能会积聚在系统设备及管道低处。

冷剂进入系统循环，占据冷凝器的换热面积，导致制冷系统的冷凝压力升高，从而导致排气压力升高，排气温度、压缩比升高，最终导致压缩机功耗升高，使制冷循环效率下降。同时，也会减少制冷剂供液量，影响制冷剂的制冷效果等。

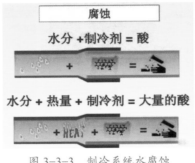

图 3-3-3　制冷系统水腐蚀

进入制冷系统的空气中的水蒸气会使系统含水量增加，造成管道和设备易受腐蚀和堵塞，如图 3-3-3 所示。当混有水蒸气的制冷剂进入节流机构时，随着制冷剂温度迅速降低至零度以下，水蒸气立即凝结成冰，堵住了节流机构细小的通孔，使系统产生冰堵故障。

综上，为保证制冷系统的密闭性，必须对系统进行气密性测试。制冷系统气密性测试分为充氮压力测试及真空测试。

制冷系统充氮压力测试压力值的选定与所用的制冷剂种类、制冷系统的冷却方式和管段部位有关。高压管段充氮压力值约为设计冷凝压力的 1.15 倍，低压管段充氮压力值约为夏季环境温度所对应的饱和压力的 1.2 倍。

真空测试在充氮压力测试通过后进行，真空测试压力值根据系统制冷剂的种类和系统复杂程度来确定。如图 3-3-1 所示，制冷系统真空测试压力值 $\leqslant 3000\,\mu\,mHg$，为合格。

二、制冷系统气密性测试的常用方法和仪器设备有哪些？

制冷系统中的制冷剂大多与冷冻油有一定的互溶性，当制冷剂有泄漏时，冷冻油也会渗出或滴出。运用这一特性，目测或用手摸检查系统可疑处是否有油污，可以判断该处是否有泄漏。检查时，可戴上白手套或用白纸接触可疑处，从而确认泄漏点。

1. 充氮检漏

向系统充入 0.8~1.0 MPa 的氮气，再用专用泡沫检漏液（或者肥皂水）涂抹在系统管道接口处等容易泄漏的地方，如有泡泡出现，则说明该处有渗漏。

想一想

制冷系统中除了冰堵外还有哪些原因会造成堵塞？

2. 卤素灯检漏

点燃卤素灯，将吸气软管放在检漏处缓慢移动。卤素灯在正常燃烧时，其火焰呈蓝色。当被检处有氟利昂工质泄漏时，灯头的火焰颜色将发生明显变化，火焰呈微绿色、淡绿色或深绿色。遇到泄漏量较大时，火焰呈紫色。当卤素灯冒烟时，表明氟利昂制冷剂大量泄漏，应停止使用卤素灯，因为氟利昂遇到火燃烧后会产生有毒气体。

> **注意事项**
>
> 若系统制冷剂为易燃易爆制冷剂（HC）时，严禁使用卤素灯（明火）检漏。

提示

使用电子检漏仪时，要特别注意电子检漏仪的使用范围。HC制冷剂由于易燃易爆的特性，需要选择合适型号的电子检漏仪。

3. 电子检漏仪检漏

打开电子检漏仪，对系统各部分进行检漏。当检漏仪接近漏点时，会发出连续短促的报警声。

真空测试主要使用球阀、真空计、双歧表、真空泵等设备，如图 3-3-4 至图 3-3-6 所示。

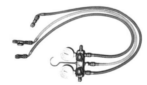

图 3-3-4　球阀、真空计　　　图 3-3-5　双歧表　　　图 3-3-6　真空泵

三、什么是真空计？其工作原理是什么？

真空计（Vacuum gauge）是测量低于一个大气压的气体的真空度或气压的仪器。常用的类型有热电阻真空计，其工作原理如图 3-3-7 所示。管内有两组灯丝，一组灯丝置于密封定压空间内作为参考，另一组与待测压腔体相通，两组灯丝构成电桥。当两组灯丝通电加热后，由于其所处环境空气稀薄程度不同，导致灯丝上热耗散速度也不同，因而两组灯丝的电阻会因温度不同而产生差异，流过其上的电流也会随之改变。由于参考端气压固定，参考端上的灯丝温度、电阻、电流不变，由此可比对求出待测腔体内的真空度。

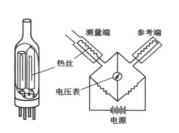

图 3-3-7　真空计工作原理

99

真空计用于测量低于大气压力的压力值。当制冷系统氮气保压正常时，务必放掉氮气后再接真空计，以免正压情况下安装真空计，造成真空计的损坏。

想一想

在实际工程项目的施工中，有时会采用压缩空气对制冷系统进行保压，这种做法可以吗？

想一想

如当天的气温为10℃，则抽真空压力值须降低至多少？

在制冷系统中，利用真空泵对系统进行抽气操作后，如系统无泄漏，则外界空气不会渗透至系统中，系统压力不会增加。保真空测试既排除了系统的水分，又可以进一步检测系统的气密性。

真空计可以测微小压力，通常是低于一个大气压的压力值。常用的单位有 Pa（帕斯卡）、mmHg（毫米汞柱）、μmHg（微米汞柱），换算关系如下：

$$1 \text{ mmHg} = 133.28 \text{ Pa}, \quad 1\mu\text{mHg} = 0.13328 \text{ Pa}$$

上述任务的抽真空测试中要求真空压力 $\leqslant 3000\mu$mHg，约为400 Pa，抽去约 99.6% 的空气。一个标准大气压为 101325 Pa，可见系统抽真空后压力非常低。

四、为什么选择氮气作为压力测试气体？

选用氮气作为压力测试气体主要是因为氮气是惰性气体，膨胀系数小，几乎不存在由于热胀冷缩而产生的压力变化，而且氮气相对成本低廉、无毒，不属于易燃易爆气体，运输和采购均比较方便。

五、为什么抽真空能排除系统中的水分？

在进行制冷设备安装与维修时，不可避免会有空气进入系统。要达到排除随空气进入系统的水蒸气，可采用降低制冷系统内压力的方法。随着制冷系统压力的下降，水的汽化温度也随之下降。例如，当天的气温为 15℃，此时水所对应的饱和压力为 1.7056 kPa，用抽真空的方法把系统压力降低至 1.7056 kPa 以下时，制冷系统存留的水分就会蒸发汽化成水蒸气。于是，随着真空泵抽真空的进行，残留在系统中的水分便被排出系统，达到排除系统水蒸气的目的。同样道理，只要根据系统要求和当地环境条件，通过抽真空的方法，就可以排除系统中的水分和不凝气体。

活动

活动一：制冷系统充氮压力测试

一、准备工作

检查制冷系统所需要的压力测试设备及工具是否齐全、完好，可对照表 3-3-1 压力测试常用工具进行工具的核对。需要重点检查的有双歧表和氮气压力值。

表 3-3-1　压力测试常用工具

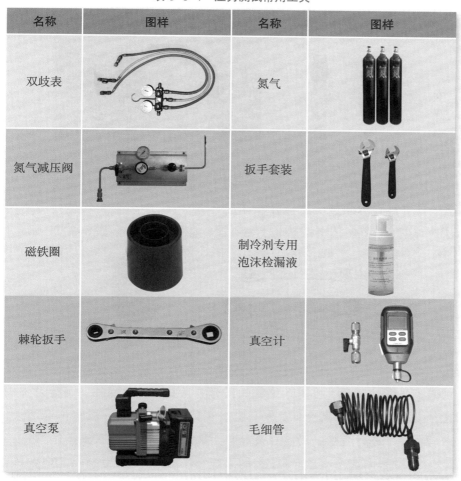

名称	图样	名称	图样
双歧表		氮气	
氮气减压阀		扳手套装	
磁铁圈		制冷剂专用泡沫检漏液	
棘轮扳手		真空计	
真空泵		毛细管	

注意事项

（1）检查双歧表两个压力表盘指针是否都指向零刻度线，如有偏移，则需调至零刻度线。

（2）检查双歧表软管处的橡皮圈是否完好无损，如有损坏，则需更换橡皮圈。

（3）检查氮气瓶压力，确保氮气瓶压力大于测试所需的保压压力。

二、压力测试操作

1. 系统的压力测试须在管道密封后进行，测试过程中严禁设备通电。使用氮气前，在氮气减压阀处挂上 OFN 标识牌。

2. 利用双歧表连接氮气及制冷系统，双歧表中间的黄色软管接氮

想一想

不同的制冷系统，如果制冷剂类型不同，所采用的双歧表有差异吗？主要的差异是什么？

提示

如果系统内部阀门未打开，造成系统内部不相通，充氮进行压力测试会造成系统内部压力不均衡，引起的压力变化会造成系统泄漏的假象。

气，低压蓝色软管接压缩机低压截止阀，高压红色软管接储液器高压截止阀，注意拧紧接头，如图 3-3-8 和图 3-3-9 所示。

图 3-3-8　截止阀　　　　　　图 3-3-9　压力测试接管图

3. 先利用棘轮扳手把低压截止阀和高压截止阀调节杆调至中间位置，再利用内六角扳手打开曲轴箱压力调节阀、热气旁通阀。打开系统所有球阀，系统常闭电磁阀套上磁铁圈，如图 3-3-10 和图 3-3-11 所示。

图 3-3-10　棘轮扳手　　　　　图 3-3-11　磁铁圈

提示

进行漏点补漏操作时，需要排空管道系统压力，防止带压操作造成伤害。

4. 打开氮气瓶阀，利用减压阀调节至所需氮气压力。缓慢开启双歧表高低压力表阀，控制系统氮气压力升至 0.3～0.4 MPa。细听系统有无明显气体泄漏的声音，如果有明显气体泄漏的声音，应找出泄漏点，放掉氮气，进行漏点补漏。检查合格后，重新进行压力测试操作。

5. 如果系统无明显泄漏，控制系统氮气压力升至 1.0 MPa±0.1 MPa，关闭双歧表高低压力表阀。

想一想

为什么第一次充氮时不直接充至 1.0 MPa±0.1 MPa？如压力充至 1.0 MPa±0.1 MPa 时，是否可以立即进行保压操作？

6. 用制冷剂专用泡沫检漏液涂抹系统所有管道连接处，仔细观察连接处有无气泡出现，如有气泡出现，则说明该处有泄漏，如图 3-3-12 所示。然后减压排放系统氮气，对泄漏处进行补焊或者用力旋紧接头的螺帽。检漏合格后再重新进行充氮压力测试。

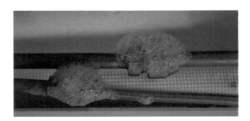

图 3-3-12　管道检漏

7. 如果检漏结果显示系统所有接口无气泡出现，在确保系统低压压力表为 1.0 MPa 的条件下关闭双歧表双表阀，关闭氮气阀，断开系统和氮气管路的连接，填写表 3-3-2，开始保压 10 分钟。

表 3-3-2　制冷系统压力测试记录表

次数	保压开始		保压结束	
	时间	压力值（MP）	时间	压力值（MP）
第一次				
第二次				
第三次				

8. 如果 10 分钟后，系统压力表数值和初始值相比未发生变化，则说明系统密封性良好，此时可以减压放掉氮气；如果 10 分钟后，系统压力表数值发生变化，则说明系统仍然有泄漏，应查找漏点并进行补焊或拧紧接头的螺帽。然后重新进行压力测试，直至保压成功。

9. 压力测试结束后，用毛细管减压排放系统氮气。

活动二：制冷系统真空测试

一、准备工作

完成压力测试后进行真空测试，测试前先要检查真空泵及真空计。

1. 检查真空泵油位是否在正常液位处，如果低于最小液位，则须加入真空泵油；高于最大液位，则须进行放油操作。真空泵的正常液位如图 3-3-13 所示。

2. 检查真空计的测量单位是否设置为 μmHg 汞柱。

二、操作步骤

1. 双歧表低压蓝色软管接压缩机低压截止阀，高压红色软管接储液器高压截止阀，黄色软管连接球阀后再连接真空泵，注意拧紧各连接头。真空计接口连接一个球阀，再把真空计连接至系统球阀上的顶针阀。打开真空泵，开始进行抽真空操作，如图 3-3-14 所示。

图 3-3-13　真空泵视油镜

图 3-3-14　抽真空操作接管

设置球阀的位置

提示

如果在压力测试中发现系统有微漏，可以在螺纹连接头（纳子）处涂抹适量冷冻油，来减少微漏现象。

想一想

采用毛细管减压排放氮气有什么好处？

想一想

球阀为何安装在系统如图 3-3-14 所示的位置？

想一想

为什么真空计数值下降后又会上升？

2. 抽真空的过程中，观察真空计数值变化。当真空计数值下降至 3000 μmHg 以下时，先关闭双歧表高低压力表阀，再关闭真空泵前球阀，最后关闭真空泵。如果真空计数值上升，等 5 分钟左右后再次开启球阀、真空泵，进行抽真空操作。

3. 当真空计数值再次下降至 3000 μmHg 以下时，进行保真空操作，并填写表 3-3-3 所示的真空保压记录表。

> **注意事项**
>
> 抽真空完成时，务必先关闭双歧表高低压力表阀，再关闭球阀，切断系统和外界的连接，最后再关闭真空泵。目的是防止真空泵关闭后，外界气体进入系统，瞬间破坏系统真空。

表 3-3-3　制冷系统真空保压记录表

次数	保压开始		保压结束	
	时间	真空值（μmHg）	时间	真空值（μmHg）
第一次				
第二次				
第三次				

想一想

保真空操作时，系统内压力上升有哪些原因？

4. 如果 10 分钟内系统压力上升超过 3000 μmHg，说明系统存在泄漏，须再次检查系统气密性。重复充氮压力测试，检查出漏点，修复后再次进行充氮保压及真空测试，直至达到所要求的真空度。

 **总结评价**

表 3-3-4 和表 3-3-5 两张评价表是任务 3 系统气密性测试的评价内容，每张评价表各 10 分，参照评价内容及附加的评价要求进行打分。

表 3-3-4　制冷系统充氮压力测试评价表

序号	评价项目	评分标准	分值	得分
1	减压阀调节压力值	制冷系统压力测试记录表数值正确	1	
2	系统阀门	所有相关阀门全部开启，以保证对整个系统试压	1	
3	双歧表连接	双歧表及接管正确连接系统	1	

（续表）

序号	评价项目	评分标准	分值	得分
4	氮气压力	干燥氮气安全地充入系统中，并达到了要求的试验压力	2	
5	泄漏检测操作	达到试验压力前已进行系统检漏操作	1	
6	第一次检漏	在第一次压力试验时没有检测到泄漏	1	
7	最终泄漏检测	在所有的泄漏修复后，系统保持试验压力达到要求的静置时间	1	
8	安全与健康防护	使用氮气时，在氮气管阀门处挂上使用牌	1	
9		压力试验完成后，系统中的干燥氮气安全释放	1	
总分			10	

表 3-3-5　制冷系统真空测试评价表

序号	评价项目	评分标准	分值	得分
1	系统阀门	所有相关阀门全部开启，以保证对整个系统进行抽真空操作	1	
2	真空泵	真空泵与系统连接正确	1	
3	真空计	正确安装真空计，即使将其与真空泵隔离，仍然能测量系统压力	1	
4	达到的真空压力	第一次抽真空尝试时，系统已达到要求的真空度	2	
5	保持的真空压力	第一次抽真空尝试后，系统与真空泵隔离 10 分钟后，真空度保持不变	2	
6	最终的真空压力	在最后一次抽真空尝试时，系统达到并保持了要求的真空度	3	
总分			10	

提示

真空计严禁在系统压力 > 0.1MPa 的场合使用。

提示

真空泵使用过程中，必须注意观察真空泵油的情况，防止出现乳化。

氢气检漏法

氢气检漏法（或混合气体检漏法）是一种新型的低成本检漏技术。由于 5% H_2+95% N_2 混合气体是不可燃的（ISO10156 国际标准化组织标准），无毒性和腐蚀性，也不会对设备和环境产生不利影响。氢气的分子量与氦气相近，是化学分子中分子量最小、最轻的元素，有很好的扩散性，逃逸性很强，吸附及黏滞性很低。由于氢气分子移动速度快于其他分子，因此使用安全的低浓度氢气作为示踪气体，可以有更快的响应速度和更好的检漏精度。

目前在制冷系统制冷剂检测仪器中也随之开发了氢气传感器。氢气传感器只对氢气敏感。只要有微量氢气泄漏，就可以被仪器感知并输出报警信号。氢气在大气中的含量浓度非常低，所以不会因为环境原因而导致误报警。

在制冷空调领域的产品和部件生产过程中，常使用氦气检漏技术来检测微小泄漏，而氮气保压和水浴法常被用来进行检测较大的泄漏。在系统注入制冷剂后，原有的氮气保压和水浴法检测技术一般只能检出 10^{-3}mL/s 左右的泄漏；氦气检漏法对于系统中的塑料、橡胶都会有吸附作用，检测结果难以保持精度要求。氢气检测法无论是在漏点定位还是在泄漏测试应用方面都有明显的优势。使用低密度的安全氢气作为检漏用示踪气体，价格低廉，成本仅为氦气检漏成本的 1/20～1/10，目前精度已经达到相当于 0.1 克 / 年。

氢氮混合气体检漏法已在国内外广泛应用于制冷、空调、汽车零部件、发动机等管路和部件的检漏。氢气检漏法检测灵敏度高、节约成本、操作简便，应用前景广阔。

查一查

请你上网查一查氢气检漏法在制冷与空调领域的应用和前景展望。

思考与练习

1. 想一想，制冷系统进行气密性测试（压力测试及真空测试）需要用到哪些设备及工具？

2. 根据所学知识及技能，描述小型制冷系统和大型制冷系统气密性测试的不同点。

3. 技能训练：家里的空调器如发生制冷剂泄漏，你如何寻找漏点和进行气密性测试？（写出具体的使用工具、操作步骤，可利用实训室空调设备进行操作。）

任务 4　制冷系统调试

 学习目标

1. 能按任务要求，根据规范进行制冷系统制冷剂充注。
2. 能按任务要求，在规定时间内对制冷系统进行调试，使运行达到设定的参数要求。
3. 能养成严谨细致、一丝不苟、精益求精的工匠精神，树立良好的安全意识和环保意识。

 情景任务

上一任务完成了制冷系统气密性测试，本任务将根据制冷系统搭建目标完成制冷系统制冷剂的充注和系统调试，具体要求如下：

1. 充注制冷剂及调试运行要求

制冷剂	R134a
机组制冷剂额定充注量	1500 g ± 50 g
指导环境温度	20 ℃～26 ℃ 干球，13 ℃～18 ℃ 湿球
热力膨胀阀过热度	2 ℃～5 ℃
制冰盒最终温度	4 ℃±2 ℃

想一想

充注制冷剂前制冷系统需要满足哪些条件？

2. 控制及安全设置要求

当回气压力达到 0.05 MPa±0.025 MPa 时，低压侧断开。

当回气压力达到 0.225 MPa±0.025 MPa 时，低压侧接通。

当排气压力达到 1.025 MPa±0.025 MPa 时，高压侧断开。

当制冰盒温度下降到 4 ℃−2 ℃时，温控器断开。

当制冰盒温度回升到 4 ℃+2 ℃时，温控器接通。

 思路与方法

当制冷系统气密性测试结束后，在系统呈现真空保压状态时即可进行制冷剂充注、制冷系统调试运行操作。考虑到制冷剂钢瓶为压力容器，且制冷剂排放至大气中易造成环境污染，所以操作人员应该做好自身安全防护工作并且在接触制冷剂的过程中尽可能减少制冷剂的排放。具体操作过程中需要思考以下几方面问题。

一、制冷系统调试需要调些什么？

根据任务要求，在完成制冷系统搭建、系统气密性测试、制冷剂充注、通电测试合格以后，需要对系统进行运行调试，如图3-4-1所示，检测整个系统的质量和性能。

常见的调试内容主要包括：调整蒸发温度、调试冷凝温度、调节吸气温度、检验排气温度和过冷温度、校验自动保护元件的调定值，使制冷系统的性能和运行稳定在合理范围之内。

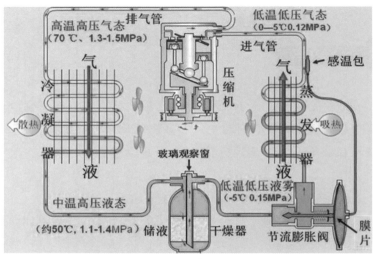

图3-4-1　制冷系统调试

二、调试的方法有哪些？

制冷系统的调试须根据系统的制冷形式、控制元件、控制精度以及制冷剂的特性来选择调试方法。

1. 调整蒸发温度

依据任务要求的制冰温度来确定蒸发温度。从传热学角度考虑，蒸发温度和制冰盒温度差值越大，传热效果越好。但是传热温差过大，则意味着蒸发温度过低，会造成制冷剂流量和单位制冷量偏少，制冷系数也随之降低。蒸发温度的调整过程，也是一个选择合理的传热温差的过程。

一般来说，以空气为传热介质时，自然对流传热温差取8℃~12℃；强制对流传热温差取5℃~8℃。以水为媒介的传热温差取4℃~6℃。

调整蒸发温度主要依赖于调整蒸发压力。

在保证最大制冷量的前提下，蒸发压力调整一般通过调整膨胀阀的开启度来实现。开启度越小，则制冷剂循环量就越低，蒸发器内的制冷剂就相对减少，制冷剂的沸腾汽化量小于压缩机的吸气量，蒸发器内的压力就低。反之，膨胀阀开启度越大，则蒸发压力越高。

在调试过程中，我们把压缩机的吸气压力近似地看作是蒸发器内部制冷剂的蒸发压力，与此压力相对应的饱和温度即为蒸发温度。把蒸发温度和制冰盒温度的差值与上面所述的合理温差作比较，可判断蒸发压力调整是否合适。

制冷系统开始运行时，由于制冰盒温度较高，膨胀阀开启度可调节至蒸发器出口结霜状态。

等系统运行一段时间，系统温度稳定后调节膨胀阀，使霜层结到压缩机的吸入口。

在进行膨胀阀调试的同时，应注意其他运行参数的变化。蒸发器结霜连续均匀；吸气温度一般为蒸发温度＋过热度左右，常为 −5℃～0℃，冷凝温度约高于环境温度 8℃～12℃。

2. 冷凝温度调试

根据制冷系统制冷剂循环效率分析，冷凝温度不能太高，冷凝温度过高会使制冷剂循环耗功增加，使制冷系数降低；也不能太低，冷凝温度过低则会使冷凝压力下降，系统供液动力不足，减少制冷剂循环量。

冷凝温度与冷却介质的温差要合理。采用空气冷却时，温差一般为 8℃～12℃；以水为冷却介质时，要求冷凝温度高于进水温度，冷凝温度与冷却水出口水温度之差一般为 5℃～9℃。调节冷凝温度也可以通过降低冷却介质温度或者提高冷却介质的流量与速度来实现；压缩机排气压力可被近似地认为是冷凝压力，从而确定冷凝温度并进行冷凝温度调节。

3. 吸气温度调节

为防止发生"液击"压缩机吸气温度过低，应使吸气温度高于蒸发温度一定值。具有一个合理的吸气过热度（压缩机吸气温度与蒸发器末端蒸发温度的差值），一般控制在 5℃左右。

4. 检验排气温度

排气温度过高会引起冷冻机油温度升高，黏度降低，影响润滑效果，易造成运转部件的磨损，甚至直接影响压缩机运行的可靠性，造成系统运行经济性下降。一般来说，吸气温度越高，压缩比越大，制冷剂的绝热指数越高，排气温度就越高。

5. 检验过冷温度

为减少节流阀前液管中产生的闪发气体，可通过提高制冷剂过冷度使制冷剂实际循环量增加，从而提高制冷系统的制冷量。

6. 自动保护元件调试

制冷系统一般都设有高压保护、压差保护元件，调试前根据控制及安全设置要求设置相关控制参数。当系统高压升至设定值时，高压保护元件就会自动停止系统的运行，需要检查并排除高压产生原因后手动复位才能重新启动系统。压差保护元件在系统正常启动后，监测系统油压差是否在设定范围内，如果油压不足，则压差保护元件会自动停止系统运行。另外，压缩机电流、机壳温度也必须在安全范围内。如超出正常运行范围，压缩机在自动保护元件的作用下也会停止运行，需要检察原因后才能重新启动压缩机。

注意事项

在设定自动保护控制时，需要认清保护元件控制的幅差大小和适用的系统类型，避免控制失效。

三、充注制冷剂有哪些方法？

制冷剂的常见充注方法分为液态充注和气态充注，也可按照实际充注操作过程分为以下四种。

1. 定量充注法

该方法是利用专用的制冷剂定量充注器，按要求的制冷剂种类及注入量来充注制冷剂。将制冷剂定量充注器与制冷剂循环系统连接好，打开相应的阀门，让制冷剂钢瓶中的制冷剂流入量筒中；对制冷剂循环系统抽真空后，打开充注阀门，量筒中的制冷剂便进入系统中。

2. 称重充注法

该方法是将制冷剂钢瓶倒置放在制冷剂充注专用秤上，通过双歧表与制冷系统相连，连接前先用真空泵抽除连接管内的空气，然后打开三通阀和制冷剂钢瓶的阀门，使制冷剂缓缓流入制冷循环系统即可。称出充注前、充注后制冷剂钢瓶的重量，前后重量之差即为充注制冷剂的量，如图 3-4-2 所示。

提示

液态充注是利用系统真空和制冷剂瓶之间的压差进行的。

图 3-4-2　称重充注制冷剂示意图

3. 表压充注法

该方法是通过控制低压吸气压力来决定充注量。将制冷剂钢瓶通过干燥过滤器、接管与三通阀相接，打开三通阀后，先对连接管道进行抽真空，然后打开控制阀，制冷剂气体即利用压差进入制冷剂循环系统内；通电后让压缩机运转，制冷剂缓缓吸入制冷系统，当系统低压压力到达系统设定值时停止充注制冷剂。

4. 经验充注法

该方法是用于制冷系统检修后重加或补充制冷剂。采用低压端气体加注。充注时，应开机运行，然后，凭借经验，在制冷剂充注过程中判断系统运行时压缩机吸排气压力、冷凝器运行情况及蒸发器运行情况是否正常。当判别制冷系统运行正常后停止加注制冷剂。

经验充注法常常与表压法和称重法配合使用。

四、充注制冷剂需要注意哪些事项？

制冷剂是制冷系统的核心媒介，制冷剂充注是否正确，关系到制冷系统能否正常运转，因此除了采用正确的制冷剂充注方法以外还要注意以下一些事项。

1. 制冷剂的量要合适

制冷剂充注不足，会使蒸发器蒸发量不足，导致压缩机吸气压力过低，冷量减少并可能使压缩机过热；充注过量又会使进入冷凝器的制冷剂太多，导致排气压力过高，液态制冷剂回流，甚至可能损坏压缩机。

2. 注意制冷剂的形态

制冷循环系统中的制冷剂有气态和液态两种形态，不同种类的制冷剂充注方法也有所差异，一般来说，只需少量制冷剂充入系统时，通常使用气态充注法，精度更高；需要充注大量制冷剂时，则采用液体充注法，速度更快。

3. 注意切勿过量充注制冷剂

充注制冷剂时，有时需要先将系统内的制冷剂回收；如果制冷剂充注过量也需要回收过多的制冷剂。回收制冷剂需用专门的制冷剂回收装置，回收过程中应减少制冷剂的排放，以免制冷剂排至大气中对环境造成污染。

提示

当充注的制冷剂为混合制冷剂时，须注意检查系统混合制冷剂质量百分比是否符合原来规定的标准。如果不符合，应该先回收系统制冷剂，再进行充注。

 活动

活动一：制冷剂充注及检漏

根据任务要求给制冷系统充注 1500 g±50 g, R134a 制冷剂，并进行制冷剂检漏操作。

一、准备工作

在充注制冷剂前，应该按照表 3-4-1 所示内容准备好制冷系统调试的常用工具。接触制冷剂时，务必做好安全防护工作。认真检查防护面罩及防冻手套是否完好，制冷剂专用电子秤是否正常，把制冷剂专用电子秤数值清零。准备好需要连接制冷系统、制冷剂钢瓶、真空泵的三通。打开制冷剂检漏仪进行预热。

提示

在进行制冷剂充注、回收操作中，须注意制冷剂的种类和安全性，做好相应的防护准备。

表 3-4-1　制冷系统调试常用工具

名称	图样	名称	图样
防护面罩		防冻手套	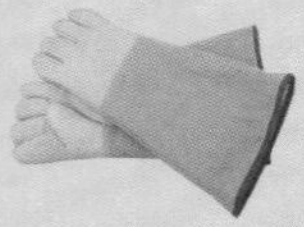
R134a制冷剂		双歧表	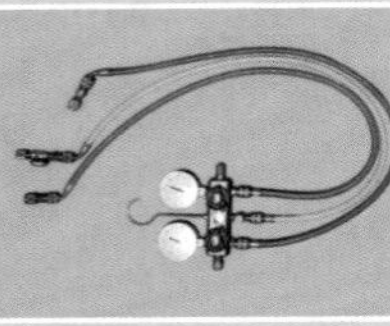
制冷剂专用电子秤	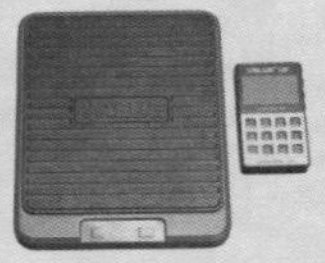	制冷剂检漏仪	
真空泵		起子套装	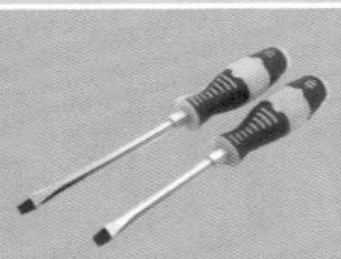
钳形电流表		针形测温计	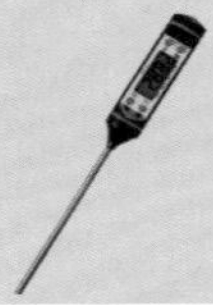
内六角扳手		扳手	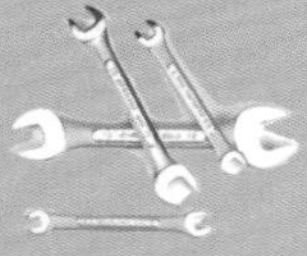

二、操作步骤

1. 戴好防护面罩及防冻手套。

2. 把制冷剂钢瓶倒置放在制冷剂专用电子秤上，记录制冷剂钢瓶重量的初始值，填写在表 3-4-2 中。

3. 双歧表低压端软管接压缩机吸气截止阀，高压端软管接储液器高压截止阀。双歧表中间黄色软管连接至三通，三通一端通过球阀接真空泵，另一端接制冷剂钢瓶。

4. 开启真空泵，打开球阀，排除双歧表管道内的空气后关闭球阀，再关闭真空泵。

5. 打开储液器高压截止阀，打开双歧表高压截止阀，再打开制冷剂钢瓶阀，注意制冷剂专用电子秤的数值变化，充至 1500 g 左右时关闭制冷剂钢瓶截止阀，关闭双歧表高压截止阀，关闭储液器高压截止阀。

6. 按照要求设置压力控制器及温度控制器数值。

提示

在双歧表管路未进行抽真空前，务必不要动系统的高低压力截止阀，以免破坏系统的真空。

表 3-4-2　制冷剂充注记录表

制冷剂充注	检漏前瓶重（g）	检漏后瓶重（g）	调试前瓶重（g）	调试后瓶重（g）	制冷剂充注量（g）
重量（g）					
备注	若制冷剂充注完后再次发生泄漏，请回收制冷剂，再次重复以上工作流程				

活动二：制冷系统运行调试

根据任务要求，应在制冷剂液态定量充注完成并检查系统无漏后，开展系统调试。

1. 按照操作规范，做好个人防护。

2. 开机后每隔 5～10 分钟观察高压表、低压表、蒸发器、冷凝器各参数变化，并分析参数变化和系统运行情况的关系，利用钳形电流表测量压缩机运行电流，并记录在表 3-4-3 中。

3. 把针形测温计分别放置在热力膨胀阀节流后的管道和蒸发器出口的管道处，如图 3-4-3 所示。

4. 观察制冰池内蒸发器铜管表面的结冰情况，如果结冰均匀，则说明供液量正常。如果蒸发器末端铜管结冰不均匀，则利用一字螺丝刀逆时针转动热力膨胀阀调节螺钉，先转 1/4 圈，过 15 分钟后再观察蒸发器末端铜管的结冰情况，直至蒸发器供液正常。蒸发器末端铜管的结冰情况详见图 3-4-4 所示（蒸发器结冰均匀）。

图 3-4-3　温度测量

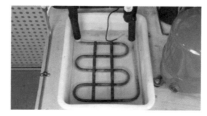

图 3-4-4　制冰盒温度测量

5. 观察蒸发器出口至压缩机吸气口管段的管路结霜情况，如果压缩机结霜说明供液量过多，应关小热力膨胀阀，利用一字螺丝刀顺时针转动热力膨胀阀调节螺钉，先转 1/4 圈，过 15 分钟后再观察压缩机结霜情况。直至蒸发器供液正常。制冷剂流量过大，压缩机结霜情况详见图 3-4-5 所示。

提示

热力膨胀阀务必缓慢逐渐开大。如开启过大容易引起压缩机"液击"。

图 3-4-5　压缩机观测

6. 填写表 3-4-3 的各项参数。

表 3-4-3　系统运行调试记录表

记录参数	开始时间	+5分钟	+10分钟	+15分钟	+20分钟	+25分钟	+30分钟	+35分钟	+40分钟
环境温度									
制冰槽温度									
热回收水箱温度									
制冷剂种类									
制冷剂充注量									
吸气压力									
蒸发温度									
排气压力									
冷凝温度									
液体过冷度									
热力膨胀阀过热度									
吸气过热度									
热气旁通阀设定值									
压缩机运行电流									
制冰槽温度控制器									

（续表）

记录参数	开始时间	+5分钟	+10分钟	+15分钟	+20分钟	+25分钟	+30分钟	+35分钟	+40分钟
热回收温度控制器									
高低压力控制器低压设定值									
高低压力控制器高压设定值									
高压控制器设定值									

提示

制冷系统调试操作是动态操作过程，须严格遵守操作规范，做到逐步调节，防止过度调节，造成系统动荡不稳。

 **总结评价**

本任务采取主观评价与客观评价相结合的评价方式，主要为结果性评价。根据活动进行的过程及结果按照世赛评分标准进行综合评价打分。

表3-4-4 任务评价表

序号	评价项目	评分标准	分值	得分
1	安全防护	接触制冷剂时做好安全防护	0.25	
2	双歧表接管操作	双歧表正确连接到制冷系统和制冷剂罐上，以便向系统加注制冷剂	0.5	
3	系统阀门位置正确	所有制冷系统的阀门处于正确的位置，以便向系统加注制冷剂	0.25	
4	环境温度记录正确	正确地测量环境干球温度并记录在调试报告上	0.25	
5	制冰槽温度变化记录正确	正确地测量制冰槽温度并记录在调试报告上	1.0	
6	热回收水箱温度变化记录正确	正确地测量热回收水箱温度并记录在调试报告上	0.5	

（续表）

序号	评价项目	评分标准	分值	得分
7	制冷剂性能资料正确记录	正确地在调试报告上记录制冷剂种类	0.25	
8	制冷剂充注量符合要求	正确地测量制冷剂充注量并记录在调试报告上	0.5	
9	吸气压力变化符合要求	正确地测量吸气压力并记录在调试报告上	1	
10	蒸发温度调节符合要求	蒸发温度正确地确定和记录在调试报告上	1	
11	排气压力满足环境要求	正确地测量排气压力并记录在调试报告上	1	
12	冷凝温度符合系统要求	正确地设定冷凝温度并记录在调试报告上	0.5	
13	热力膨胀阀过热度调节合理	热力膨胀阀过热度正确且记录在调试报告上	1	
14	压缩机运行电流符合系统要求	正确地测量压缩机运行电流并记录在调试报告上	0.5	
15	制冰槽温度控制器	制冰槽恒温器设置正确	0.25	
16	热回收温度控制器设置符合规定	热回收温度控制器设置正确	0.25	
17	高低压力控制器低压设定值	正确地设定和记录高低压控制器低压断开和接通值	0.25	
18	高低压力控制器高压设定值	正确地设定和记录高低压控制器高压断开和接通值	0.25	
19	冷凝压力控制器设定值	正确地设定和记录冷凝压力控制器断开和接通值	0.25	
20	制冷剂检漏符合规定	采用制冷剂检漏仪进行检漏操作	0.25	
总分			10	

想一想

随着调试时间的变化，制冰槽温度和结冰情况如何动态变化？

拓展学习

电子膨胀阀

电子膨胀阀的控制原理是利用被调节参数产生的电信号，通过计算，控制施加于膨胀阀上的电压或电流，开大或者关小膨胀阀的开度，达到调节供液量的目的，如图 3-4-6 所示。

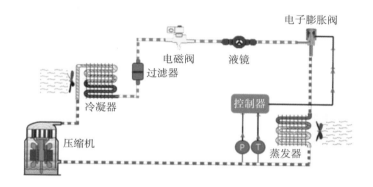

图 3-4-6　电子膨胀阀的控制原理和应用

1. 电子膨胀阀结构组成

电子膨胀阀结构如图 3-4-7 所示，主要由四部分组成：（1）转子，相当于同步电机的转子，其连接阀杆控制阀孔开度大小；（2）定子，相当于同步电子的定子，其将电能转为磁场驱动转子转动；（3）阀芯，其受转子驱动，端部呈锥形，上下移动进行流量调节；（4）阀体，一般采用黄铜制造。

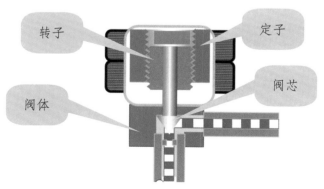

图 3-4-7　电子膨胀阀结构

查一查

常用电动式电子膨胀阀的工作特点。

2. 驱动机构——步进电机

电子膨胀阀一般采用步进电机驱动，步进电机是将电脉冲信号转变为角位移或线位移的电机元件，工作原理如图3-4-8所示。

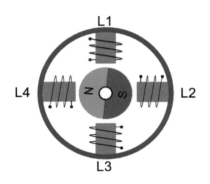

图 3-4-8　电子膨胀阀步进电机工作原理

查一查

电子膨胀阀的
选用方法。

3. 电子膨胀阀工作原理

电子膨胀阀具有流量控制范围大、反应灵敏、动作迅速、调节精细、动作稳定等优点，可以使制冷剂往、返两个方向流动，工作原理如图3-4-9所示。

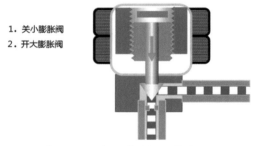

图 3-4-9　电子膨胀阀工作原理

1. 总结制冷系统运行调试过程中有哪些特别需要注意的细节。

2. 根据所学知识及技能，说出一机两库制冷系统的工作原理及调试过程。

3. 技能训练：如何对家用空调进行充注制冷剂及调试运行？（写出具体的工具、操作步骤，可利用实训室空调设备进行操作。）

⚠ 注意
本机采用制冷剂:
R22
请按图示方向打开或关
闭阀门;开机前打开阀
门并拧紧阀门盖螺母。
打开 关闭

模块四
分体式空调器
安装与排故

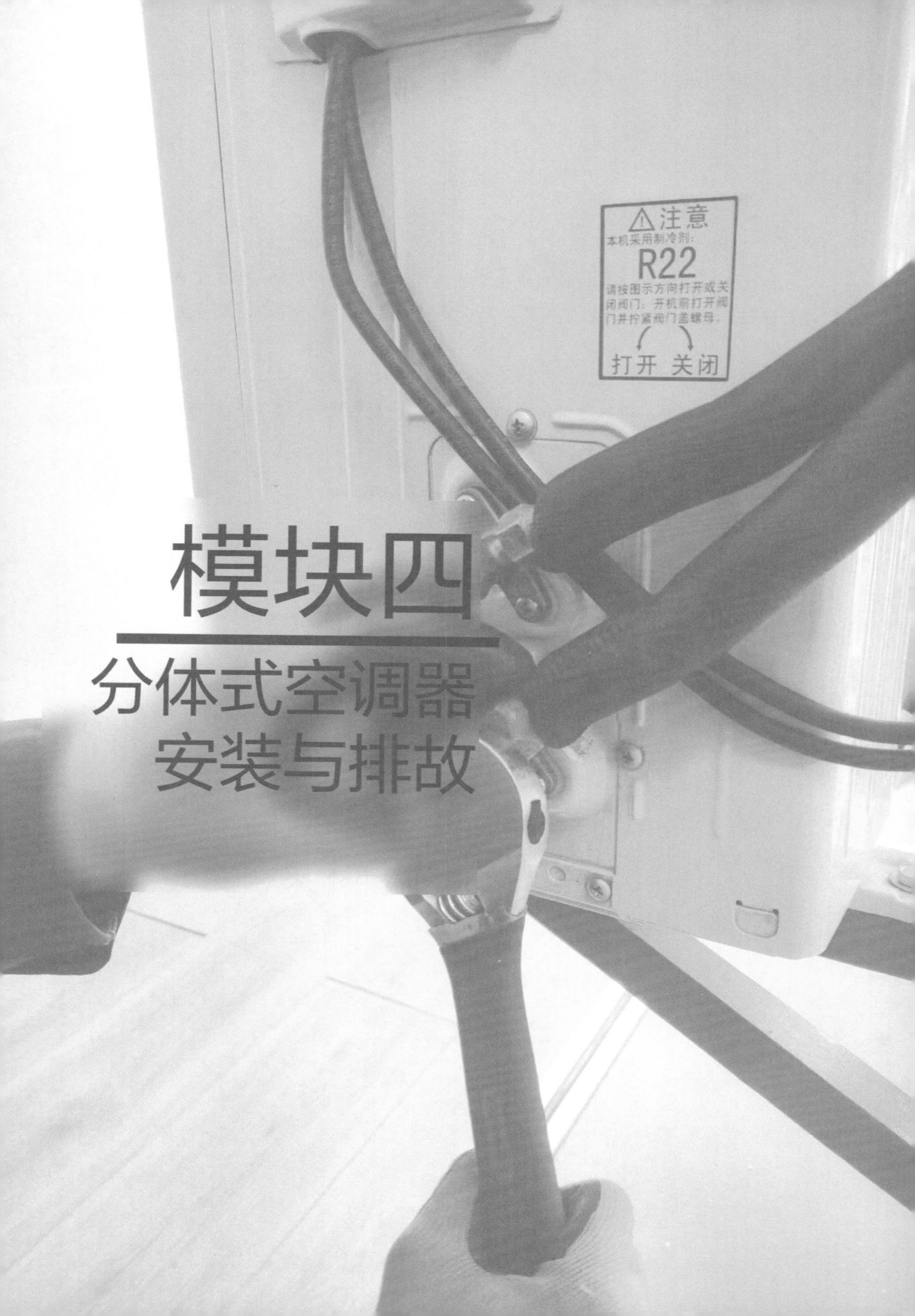

分体式空调器安装与排故模块主要涉及空调器室内外机的安装、室内外机管道设计与连接、电气线路的连接，以及按照世赛项目要求的制冷系统、制冷电气的排故操作。

　　本任务须根据所给图纸、分体式空调器产品技术说明、工程规范完成分体式空调器安装及系统调试、排故等一系列操作，如图4-0-1所示。主要包括两大任务：分体式空调器的安装；分体式空调器的故障排除。

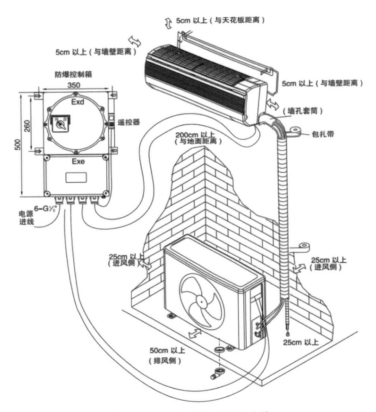

图 4-0-1　分体式空调器的安装

任务1 分体式空调器的安装

学习目标

1. 能读懂分体式空调器安装技术文件，会进行产品检查。
2. 能选用合适的安装工具，选择安装操作方案。
3. 能按照任务要求进行安装操作。
4. 能进行调试操作。
5. 能养成严谨细致、一丝不苟、精益求精的工匠精神，树立良好的安全意识和环保意识。

情景任务

在完成制冷系统安装调试后，还须完成一台分体壁挂式空调器的安装、调试任务。按照图4-1-1和图4-1-2所示要求，在规定的时间内完成相关安装任务，并进行开机调试。

查一查

家用分体式空调器的安装规范。

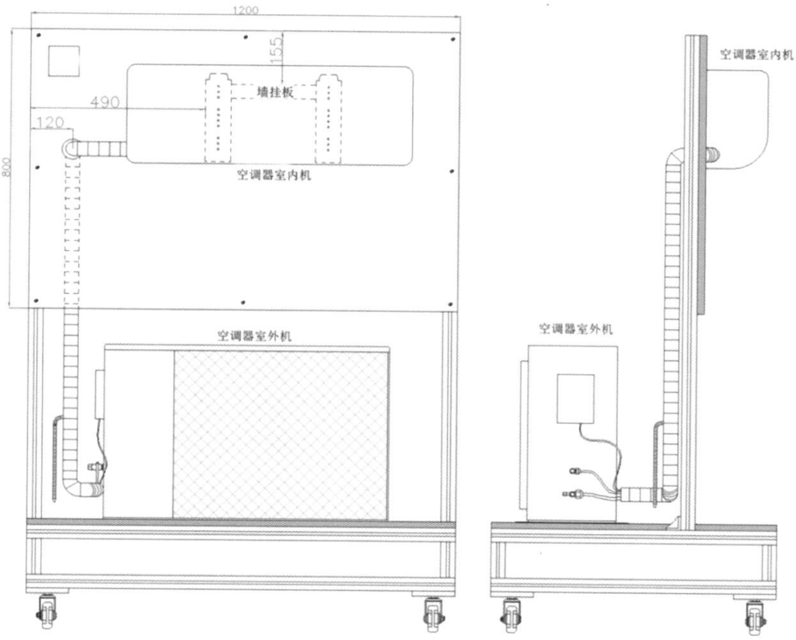

图4-1-1 分体式空调器安装图

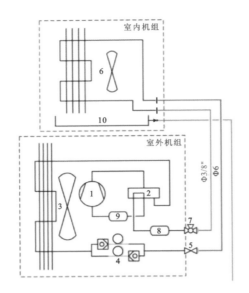

No.	Description
1	压缩机
2	四通电磁换向阀
3	室外换热器及风扇
4	电子膨胀阀及节流组件
5	液阀
6	室内换热器及风机
7	气阀
8	过滤器
9	消音器
10	室内冷凝水接水盘
⊢	螺纹连接
►	承接连接
——	气管
——	液管
——	冷凝水管

图 4-1-2　分体式空调器安装管道连接图

1. 室内机的安装

（1）空调器室内机固定墙挂板水平安装。

（2）安装墙挂板固定螺钉不得少于 5 颗，确保墙挂板安装稳固。

（3）室内机安装均要符合规范，固定牢靠。

2. 室内机与室外机的管路连接要求

（1）制作的喇叭口无变形、无裂纹、无锐边。

（2）凝结水管接口要用电工胶布密封稳固。

（3）连接铜管必须套保温管，保温管表面不能有破损。

（4）按电源线在上侧、连接管在中间、水管在下侧的顺序进行包扎。

（5）管路包扎必须完整，水管在任何位置不得有盘曲现象。

3. 真空保压要求

（1）真空保压时间 ≥ 10 分钟。

（2）真空压力值不高于 21 kPa。

4. 通电测试要求

（1）根据相关标准及系统规格要求完成对空调器遥控器的相关设置任务。

（2）温度、电流、压力等数据以选手测试仪表显示为准。

思路与方法

分体式空调器的安装，工艺要求高、技术点多、劳动强度大，流行于安装行业的话"三分机七分装",意思是空调器使用效果的好坏与安装质量有很大的关系。规范、严谨的操作是一个制冷空调系统安装专业人员必备的技能。

一、安装空调器室内机有哪些技术要求?

安装空调器室内机首先要掌握室内机墙挂板的定位要求。一般须根据室内机的规格和外形尺寸结合安装位置墙面的情况来定位。内机墙挂板定位后,再确定室内外机连接管的走向和穿墙孔的位置。

安装壁挂板必须使用水平仪,不然可能会造成空调器内机凝结水反向漏水。室内机安装定位后,其上方距离遮挡物应 ≥ 15 cm,左右两侧距离遮挡物应 ≥ 15 cm。离地面的距离应为 200~230 cm。

空调器室内机安装须考虑的问题依次为:设备检测、画线定位、设备就位、固定安装。设备定位时要注意管路连接走向,并预留管路通道和维修空间。

想一想

室内机上方距离遮挡 ≥ 15 cm 和左右两侧距离遮挡 ≥ 15 cm 的差别在哪里?

二、空调器管路布置原则有哪些?

空调系统管道主要包括气管(从室内换热器至四通换向阀回收管的管路)和液管(从节流装置至室内换热器之间的管道),不同制冷剂对管道的材质和安装均有特殊要求。

管道布置设计是否得当关系到空调器的运行效果。故管道布置设计时必须精心考虑、周密计划。

(1)管道布置设计。根据安装分体式空调器的技术要求,合理进行管道布置设计,严格控制管道长度符合产品要求。

(2)管道配置。根据管道布置设计,进行材料准备,制作各管路。制作时要注意管道位置,合理进行绑扎固定。

(3)管道组合。将各管段按照说明书要求进行安装,在安装操作时要注意管道接口的密闭性,要对管道连接处、喇叭口连接处进行检漏。

想一想

如果管道加长会对空调器正常工作有哪些影响?

三、分体式空调器常见制冷剂有哪些?

当前分体式空调器制冷剂常见的有 R22、R410A、R32;也有正在不断运用和推广的 HC 环保型制冷剂 R290。这些常见制冷剂的特性比较详见表 4-1-1。

制冷与空调

表 4-1-1　常见制冷剂的特性比较

特性参数 ＼ 制冷剂	R22	R410A	R32	R290
工作压力	低	中	高	低
ODP 值	0.05	0	0	0
GWP 值	1700	2100	675	0.01
安全等级	A1 无毒难燃	A1 无毒难燃	A2 无毒难燃	A1 易燃无毒
摩尔质量（g/mol）	86.47	72.58	51.02	292kg/m³（25℃）
标准沸点（℃）	−40.8	−51.4	−51.7	−42.2
临界温度（℃）	96	70.5	78	96.67
临界压力（MPa）	4.974	4.81	5.78	4.24
相对充注量	1.19	1	0.71	0.51
容积制冷量	0.71	1	1.41	1.5

提示

使用 R32 制冷剂的分体式空调器在安装时要更加关注系统的真空度，在确保真空度满足说明书要求的前提下，才可进行制冷剂充注和开机运行，以免运行时压力快速升高。

从表 4-1-1 中可以得到：

（1）热物性

制冷剂充注量 R290 约为 R22 的 43%；R32 约为 R410A 的 0.71 倍；R22 与 R410A 相当。承压方面，R32 系统和 R410A 相当；R410A 系统比 R22 高 1.78 倍，R290 系统和 R22 相当。

（2）安全性

制冷剂 R32 与 R410A、R22、R290 均无毒，而 R32 弱可燃，R290 易燃。

（3）循环性能

在循环性能方面，R22 在温度范围、润滑油互溶指标上均有较好的表现。R32 系统制冷量比 R410A 高 12.6%，能效比也略有提高。R290 汽化潜热大约是 R22 的 2 倍。在空调器运行温度较高时，使用 R290 的空调器能效下降不明显。

（4）环保特性

R290 为 HC 制冷剂，是中华人民共和国生态环境部推荐在分体式空调器中使用的制冷剂。R22 由于破坏臭氧层和引起全球变暖比较明显，已列入被淘汰的行列。R410A 目前使用量比较大，由于其加速全球变暖，在我国实施"双碳"行动中，也被列为第二批淘汰物质；R32 不破坏臭氧层，对于全球变暖影响也在可控范围中。

四、如何选用安装工具？

空调器的安装涉及多个方面的工序，主要有空调器室内机墙挂板固定、空调器内外连接管开孔定位、空调器内外管路连接、抽真空及真空保压、制冷剂充注、通电测试等，所以要用到多种工具，常用工具详见表 4-1-2。

表 4-1-2　空调器常用安装工具

名称	图样	名称	图样
尺		锂手电钻	
开孔器		水平仪	
扳手		钻头	
螺丝刀		批头	
弯管器		扩管器	
割刀		冲击钻	

提示

根据世赛实际情况，空调器安装未提及冲击钻、专用墙面开孔器等工具，在此提请注意。

 活动

活动一：空调器内外机定位、安装

按要求选取专用工具及合适的材料，根据提供的布置图（图 4-1-1）、技术要求以及相关工程规范安装空调器室内机和室外机。

一、空调设备检测

收到设备后,应立即对运输过程中可能发生的损坏进行检查。如有明显损坏,应立即以书面形式向运输公司申报。接到设备后,应检查型号、规格是否与合同相符。确认无误后,根据设备布置图对相关设备进行定位安装。

1. 开箱检查

打开包装箱,取出装箱清单,如图 4-1-3 所示,仔细检查配件是否齐全,如图 4-1-4 至图 4-1-6 所示。取出空调器后查看空调器在搬运过程中有无损坏,发现问题应及时解决。

序号	名 称	单位	数量
1	室外机组	台	1
2	室内机组	台	1
3	挂墙板	件	1
4	遥控器	只	1
5	7号电池	节	2
6	室内外连线	套	1
7	安装使用手册	本	1
8	安装单	份	1
9	射钉	只	5
10	连接管	套	1
11	连接管包扎带	卷	1
12	排水管	根	1
13	穿墙管套	套	1

注：清单中如有微小变动,恕不另行通知

图 4-1-3 装箱清单

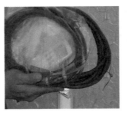 

图 4-1-4 电缆遥控器 图 4-1-5 凝结水管、扎带

图 4-1-6 安装板等

2. 阅读产品说明书

一般厂家均备有产品说明书(安装使用手册),如图 4-1-7 所示。安装之前应仔细、认真地阅读,并按照说明书中介绍的方法进行安装。

图 4-1-7 安装使用手册

3. 检查室内机是否正常

对外观进行检查(是否破损、变形),检查室内机是否有保压气体,如图 4-1-8 所示。通电检查室内机能否正常运转,遥控器能否正常工

作，如图 4-1-9 所示。

图 4-1-8　压力测试　　　　　　　图 4-1-9　通电检查

4. 安装位置的选择

空调器的安装位置取决于场地的客观条件和用户的选择以及空调器本身的要求，安装时要因地制宜，进行综合考虑，选择最佳位置。

提示

空调器室内机封有干燥氮气，启封时应有氮气喷出。

二、设备安装

1. 选择合适的工具，按照图 4-1-10 所示的位置要求在设备平台上完成挂墙板的画线定位。

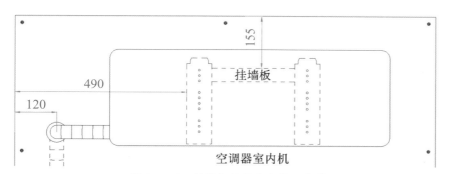

图 4-1-10　挂墙板的具体定位尺寸图

提示

空调器室外机必须使用螺纹螺栓、垫圈、弹簧垫圈、螺母进行安装固定，垫圈、螺母在上。

2. 选择合适的钻头，使用电钻在平台画定的位置上钻安装通孔，如图 4-1-10 所示。

3. 选择合适的工具和紧固件，把挂墙板安装在给定的位置。

活动二：管道安装

一、准备工作

做好施工准备工作，选择合适的设备、材料、工具、测量器具；检查钎焊设备、工具、测量器具等；对制冷零部件进行检查，对螺纹口应检查密封螺纹有无损伤。

掌握管道零部件安装的技术要求、步骤和方法，明确管道的安装工艺，是高质量完成管道安装的必要前提。

二、空调器内外机管道安装

1. 对接铜管，确定出管位置，操作要点如图4-1-11所示。根据安装位置、管路走向，用锯条将室内机敲落孔打开；如果管路出口方向与预装方向不一致，须调整，如图4-1-12所示。

图 4-1-11　管道方向确定　　　　图 4-1-12　内机管道定位

提示

敲落孔开口处不能有毛刺，避免划破包扎带及管道；调整管道方向时一只手搬动管道，另一只手要在管道转弯处进行防护。

> **注意事项**
>
> 对接铜管首先使对接铜管中心线位于一条线上，再用手拧螺母至不能转动，如图4-1-13所示。最后必须用扳手拧紧，如图4-1-14所示。

图 4-1-13　对接管道　　　　图 4-1-14　拧紧管道

提示

注意铜管另一头的摆动，不要碰到用户的物品，造成损坏或划痕。

2. 安装凝结水管，打开凝结水管包装，用力将凝结水管与凝结水管接口对接到位。凝结水管安装的操作要点如图4-1-15至图4-1-20所示。

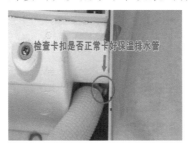 

图 4-1-15　固定凝结水管　　　　图 4-1-16　凝结水管位置整形

图 4-1-17　凝结水管对接整形

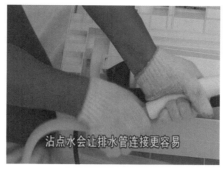

图 4-1-18　凝结水管对接口安装

图 4-1-19　凝结水管接口密封

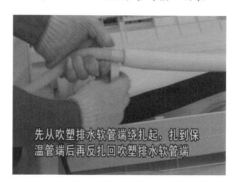

图 4-1-20　凝结水管接口密封绑扎

提示

空调器管道安装须注意管道绑扎位置布置，凝结水管一般处于最底部。

3. 确定出水方位，根据实际使用环境确定水管左出、右出还是后直出，操作要点如图 4-1-21 和图 4-1-22 所示。

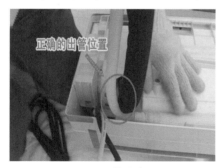

图 4-1-21　管道出口位置

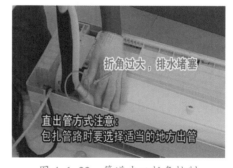

图 4-1-22　管道出口折角控制

4. 凝结水管包扎，操作要点如图 4-1-23 和图 4-1-24 所示。

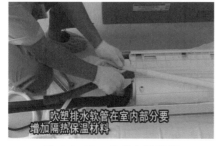

图 4-1-23　管道安装保温

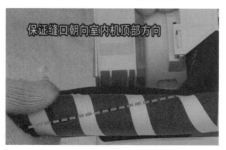

图 4-1-24　保温固定

提示

包扎过程中水管不能出现扭曲、缠绕等情况。

5. 包扎管路，均匀包扎，绕叠宽度为包扎带的 1/2 为宜；同时不可过紧，以紧绷而富有弹性为宜。操作要点如图 4-1-25 和图 4-1-26 所示。

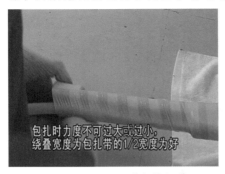

图 4-1-25　保温外包绑扎带　　　　图 4-1-26　管道绑扎要求

提示

整个对接过程速度要尽量地快，同时要避免杂物进入系统。

6. 连接外机铜管，拧开截止阀螺帽，铜管喇叭口对准截止阀中心；先用手旋上管螺母至无法转动，然后用扳手拧紧。操作要点如图 4-1-27 和图 4-1-28 所示。

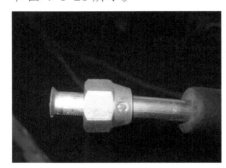
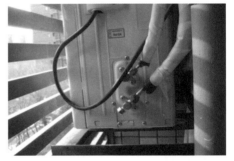

图 4-1-27　喇叭口制作　　　　图 4-1-28　外机管道对接

提示

导线的连线方法可以参考室外机提手内侧的接线图；必须按照端子台上的标记和连接线上的序号对应接线；一定要正确、可靠地连接接地线（黄绿双色线）；确保配线的导线部分塞入端子台，不得暴露在外；接线端子螺钉拧紧后，轻轻拉动导线，确认导线确实已压紧。

7. 连接外机导线，拆下外机提手；卸下导线固定夹的固定螺钉，拆下导线固定夹；先将导线压在压线夹下，再将导线在端子台上接好、压紧。操作要点如图 4-1-29 至图 4-1-32 所示。

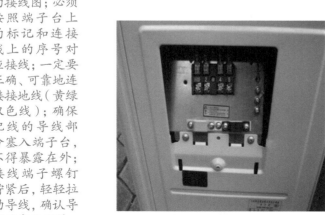
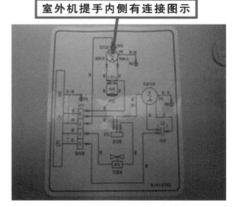

图 4-1-29　外机电气接线柱　　　　图 4-1-30　安装接线图

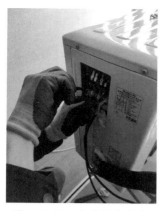

图 4-1-31　电气接线安装

图 4-1-32　防水盖安装

注意事项

　　将导线整理好露出一段即可，多余的导线放入室外机后面，盖上提手，拧紧螺丝；配线卡入槽内后，安装导线固定夹；电气盒盖装入原位；所有连接任务完成后（包含铜管连接）合上面板。

8. 处理凝结水管末端，操作要点如图 4-1-33 所示。

下倾

图 4-1-33　处理凝结水管末端

提示

凝结水管出墙后的包扎长度不得小于 10 cm，方可与连接管分离。

9. 整理管路，操作要点如图 4-1-34 和图 4-1-35 所示。

图 4-1-34　室内管道

图 4-1-35　外机管道连接

提示

合理地整理管路走向，保证横平竖直；将多余的管路包扎好后放置在室外机后面会比较美观。

活动三：空调器系统调试

一、准备工作

做好施工准备工作：选择合适的设备、材料、工具、测量器具；检查真空泵、双歧表、测量器具等。

二、空调器系统调试操作步骤

1. 抽真空

（1）准备工作。内外机连接已完成，观察真空泵的油标指示，查看是否有足够的油；启动真空泵查看工作是否正常，如图4-1-36和图4-1-37所示。抽真空时的接管图如图4-1-38所示。

提示

可将手指放在真空泵吸气口上判断真空泵是否正常工作。

图4-1-36 真空泵

图4-1-37 真空泵油位

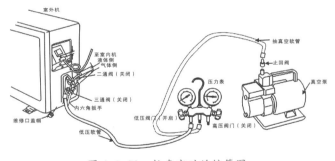

图4-1-38 抽真空时的接管图

（2）双歧表连接。旋开大小阀门后盖螺帽和注氟嘴螺母，接上双歧表的低压表，将有顶针的一端接在低压气管侧；打开低压表开关。操作要点如图4-1-39和图4-1-40所示。

蓝色管子接注氟工艺口

图4-1-39 制冷剂加液口

图4-1-40 双歧表压力观察

（3）抽真空操作。抽真空具体时间为 20~30 分钟，以压力表指针 ≤ −0.1 MPa 时为准；先关闭压力表低压阀门，后关闭真空泵。操作要点如图 4-1-41 和图 4-1-42 所示。

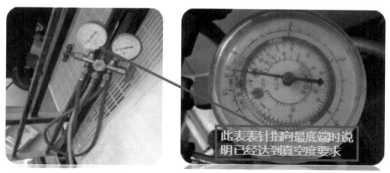

图 4-1-41　通过压力表观察真空度　　　　图 4-1-42　低压表放大图

（4）观察压力表指针 5 分钟，查看指针是否回转。如果系统压力泄漏 > −0.08 MPa，即说明系统有泄漏，如图 4-1-43 所示。

提示

可能的泄漏点为各连接处、焊接处。

保压 5 分钟此表表针几乎不反弹为合格

图 4-1-43　通过低压压力表观察是否有泄漏

（5）关闭双歧表连接管阀门，拆除双歧表，操作要点如图 4-1-44 和图 4-1-45 所示。

此表表针向上反弹即可

图 4-1-44　拆除双歧表　　　　　图 4-1-45　高低压管道阀门

（6）开通管路操作。先完全打开小阀门，再完全打开大阀门后立即将阀门后盖螺帽拧紧。操作要点如图 4-1-46 和图 4-1-47 所示。

提示

此步骤是为了使系统变为正压，避免拆表过程中再次进入空气，造成抽真空失效。

图 4-1-46　开通阀门（1）

图 4-1-47　开通阀门（2）

（7）拧紧螺帽，操作要点如图 4-1-48 和图 4-1-49 所示。

图 4-1-48　安装螺帽

图 4-1-49　拧紧螺帽

（8）检漏操作。检查室内外机的各个接口及截止阀，用海绵块蘸上肥皂水涂在可疑点，每处停留不应少于 3 分钟，如有气泡形成，则存在漏点。操作要点如图 4-1-50 和图 4-1-51 所示。

图 4-1-50　管道检漏

图 4-1-51　室外机管道连接处检漏

2. 运行调试

（1）试水：掀开室内机面板，将水缓缓倒入蒸发器，如图 4-1-52 所示，以观察室内机排水是否正常。

图 4-1-52　室内机排水测试

提示

确认各工序是否完成，凝结水管末端处理是否到位；注水时应控制速度和流量，以免弄湿电气部分导致触电事故。

（2）做好以下参数记录。

进出风口温度测试距离：测试室内机进出风口温度时应在进出风口水平距离 10 cm 处测试。

温差测试：根据国家标准规定，夏季制冷运行时进出风温差应大于8℃；冬季制热运行时进出风温差应大于 15℃。

漏电测试：测试机器是否漏电及正常运行，用试电笔测试室内外机金属机壳是否带电，室内机挂壁板是否带电，如果发现带电必须排除。

提示

温差测试必须在开机运行至少 15 分钟以后进行。

 **总结评价**

一、评价方法

本任务采取主观评价与客观评价相结合的评价方式，主要为结果性评价。根据学员整个空调器安装完成后的作品，参照世赛评分标准进行综合评价打分。

二、标准评价表

根据学员安装完成后的作品，参照表 4-1-3 至表 4-1-5 上的评价细则进行评价。

表 4-1-3　空调器室内机安装评价表

序号	评价项目	评分标准	分值	得分
1	室内机安装牢固，位置与图纸标注相符	±2 mm	1	
2	室内机安装水平度满足要求	±2°	1	
3	室内机穿墙孔位置与图纸标注相符	±2 mm	1	

（续表）

序号	评价项目	评分标准	分值	得分
4	室内机开孔内高外低,安装护套	目测、水平仪	0.5	
5	室内机挂墙板安装符合规范,固定螺丝数量	≥ 5	1	
6	室外机安装牢固,位置与图纸标注相符	± 2 mm	0.5	
7	室外机用螺栓固定(螺母方向不要求),垫上防震橡胶垫	检测	0.5	
8	内外机连接管的保温管表面无破损,绷带缠绕时上方电源线、中间配管、下方凝结水管	目测	0.5	
9	绷带缠绕规范,搭接 ≥ 1/2 带宽,包扎符合防渗水要求	目测	1	
10	内外机连接管线按图纸要求,布置美观整洁	水平仪	1	
11	内外机连接管线按图纸要求布置并用管卡固定,间距	< 400 mm	0.5	
12	内外机线路连接正确,用压线片将导线压紧固定	检测	0.5	
13	内外机连接导线过长的部分盘至室外机合适的位置绑扎好	< 200 mm	0.5	
14	凝结水管连接到指定的储水容器内,位置符合要求	没有外渗漏	0.5	
总分			10	

提示

空调器的实际安装有可能是登高作业,需要根据登高作业的安全要求采取安全措施和携带工具。

表 4-1-4 制冷系统零部件安装评价表

序号	评价项目	规定或标称值	分值	得分
1	规范完成抽真空操作,抽真空时间 ≥ 10 分钟	达到真空度要求	2	
2	真空测试时间 > 5 分钟,真空压力表显示为 -0.1 MPa	达到评价要求	2	
3	利用室外机制冷剂进行检漏测试时操作规范	检漏操作规范	1	
4	利用室外机制冷剂进行制冷剂检漏测试	≥ 3S	1	

试一试

以时间控制法进行家用分体式空调器抽真空操作,抽真空 10 分钟后记录真空计读数。

（续表）

序号	评价项目	规定或标称值	分值	得分
5	空调阀保温处理	无露铜，结露	1	
6	运行参数设置	设置正确	1	
7	正常运行 15 分钟后，规范测量参数	测量操作规范	2	
	总分		10	

表 4-1-5　安全操作评价表

序号	评价项目	评价结果
1	无违反劳防用品使用规范	□是 / □否
2	无违反场地设备使用规范	□是 / □否
3	无违反工具使用规范	□是 / □否
4	无违反管道制冷零件保持封口	□是 / □否
5	工位始终保持整洁规范	□是 / □否
6	离开前断气断电	□是 / □否
7	离开 OFN 电源牌位置正确	□是 / □否
8	无领取额外材料	□是 / □否

提示

家用分体式空调器安装完毕进行调试运行，一般参数为夏季设定温度 26℃±2℃、测量送风温度 14℃～16℃，凝结水管正常排水。

拓展学习

新型压力软管连接技术

一、软管连接的压力工具

软管连接的压力工具详见表 4-1-6。

表 4-1-6　软管连接的压力工具

名称	图样	名称	图样
手动工具钳		裁管刀	

（续表）

名称	图样	名称	图样
黄铜接头		铝套	
黄铜内螺纹螺母		软管	
弯头		三通	

二、软管连接的原理

软管连接是通过对材料的挤压变形，径向均匀地压缩软管，使铝套、软管与接头紧紧地形成金属、软管、金属密封面。金属接头上存在凹凸环，使软管与接头的缝隙通过铝套的挤压结合更加紧密、牢固，从而彻底封死所有的泄漏通道。

压力连接软管专用工具符合人体工学，使用时不需要动力源，操作者只需要轻轻压下钳子即可完成连接工作。

三、安装步骤

1. 软管的裁取

根据软管在制冷系统中使用部位的压力需求，选择红色（高压）、蓝色（低压）、黑色（油路）的不同软管。测量所需要的长度，采用裁管刀进行裁取，如图 4-1-53 所示。在裁取过程中，应注意裁取面的平整。

图 4-1-53 裁管刀

提示

毛细软管连接主要用于小型管道连接。

2. 穿套铝套及螺母

将铝套带凹圈的一头朝外，穿过软管，再将螺母大口朝外，穿过软管，如图 4-1-54 所示。

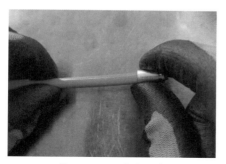

图 4-1-54　穿套铝套

提示

安装操作中务必在软管接头中放入专用密封圈，防止出现管道微漏现象。

3. 插入接头

将接头小的一头，用力缓慢插入软管中间，使接头小头全部进入软管内，达到卡口处。确认管路末端顶到连接体内部的限位处，如图 4-1-55 所示。

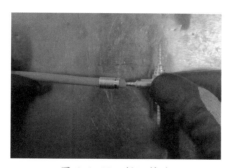

图 4-1-55　插入接头

4. 压接

将铝套移动至软管与接头的连接处，卡在接头凹槽内，使用压接钳，对准铝套与接头处的末端，推动压接钳臂，直到压接钳能自动松开为止，如图 4-1-56 所示。压接成的三通软管和软管接头如图 4-1-57 和图 4-1-58 所示。

图 4-1-56　压接钳的操作

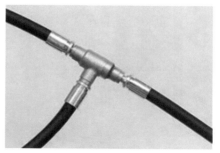

图 4-1-57　压接成的三通软管

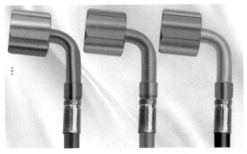

（a）弯头　　　　　　　　　（b）直头

图 4-1-58　压接成的软管接头

思考与练习

1. 压力软管连接技术在制冷系统中有哪些应用？

2. 空调器在移机时应如何操作室外机的阀，是否存在先后操作的顺序？

3. 技能训练

（1）根据图 4-1-59，完成空调器的定位安装。

（2）根据图 4-1-60，完成制冷系统的设计安装。

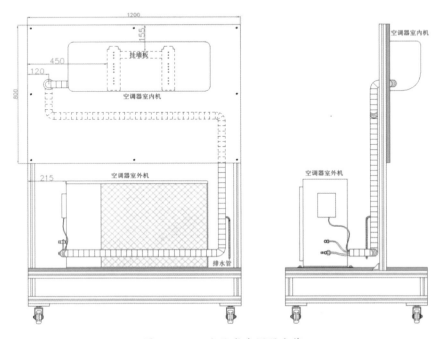

图 4-1-59　分体式空调器安装

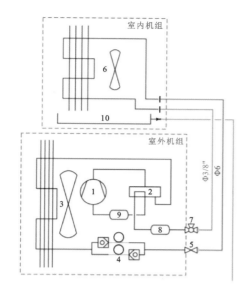

No.	Description
1	压缩机
2	四通电磁换向阀
3	室外换热器及风扇
4	电子膨胀阀及节流组件
5	液阀
6	室内换热器及风机
7	气阀
8	过滤器
9	消音器
10	室内冷凝水接水盘
I	螺纹连接
▶	承接连接
——	气管
——	液管
——	冷凝水管

图 4-1-60　分体式空调器安装接管图

任务 2　分体式空调器的排故操作

学习目标

1. 能进行分体式空调器电气系统检测操作。
2. 能依据给定条件进行故障分析。
3. 能根据分析进行排故操作。
4. 能养成严谨细致、一丝不苟、精益求精的工匠精神，树立良好的安全意识和环保意识。

情景任务

作为制冷专业的技术人员，不仅要会安装分体式空调器，还要有排除分体式空调器故障的能力。本任务要求根据给出的分体式空调器的制冷系统图（图 4-2-1）、电气系统接线图（图 4-2-2 和图 4-2-3），完成故障时的排查、修复、测试及调试工作。

查一查

家用分体式空调器常见系统故障及现象有哪些？

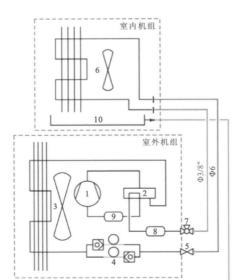

No.	Description
1	压缩机
2	四通电磁换向阀
3	室外换热器及风扇
4	电子膨胀阀及节流组件
5	液阀
6	室内换热器及风机
7	气阀
8	过滤器
9	消音器
10	室内冷凝水接水盘
⊣	螺纹连接
►	承接连接
——	气管
——	液管
——	冷凝水管

图 4-2-1　分体式空调器制冷系统图

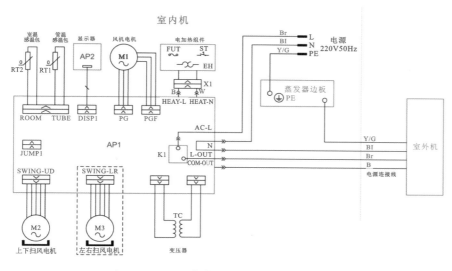

图 4-2-2　分体式空调器电气系统接线图（1）

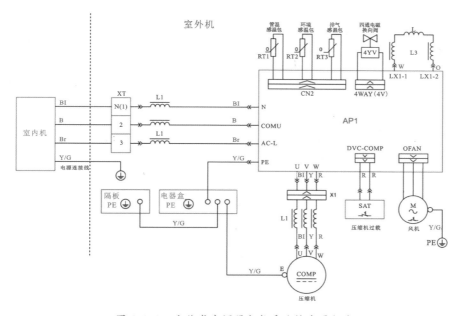

图 4-2-3　分体式空调器电气系统接线图（2）

1. 电控系统故障排查要求

（1）在非通电运行的情况下，使用仪表对空调器进行电控系统的故障排查。

（2）找到相应的故障点，在测试报告图上圈出故障点的具体位置。

（3）故障排查限时 20 分钟，必须在规定时间内确定所有故障的具体部位。

提示

电气故障排故操作时必须做好安全防护。

2. 制冷系统故障排查要求

（1）在非通电运行的情况下，使用仪表对空调器进行制冷系统的故障排查。

（2）找到相应故障点，在测试报告图上圈出故障点的具体位置。

（3）故障排查限时 40 分钟，必须在规定时间内确定所有故障的具体部位。

分体式空调器排故操作是制冷与空调系统安装与维修操作中非常重要的一个环节，也是制冷与空调专业技术人员必须掌握的操作技能。分体式空调器的故障主要分为电气系统故障和制冷系统故障两部分。

一、电气系统故障如何判断？

分体式空调器的电气系统由信号检测电路（如室温、管温、管压、压缩机电流等）、信号接收电路（如遥控信号接收电路、面板键信号接收电路等）、信号处理电路（如微处理器 CPU 和存储器电路等）、驱动电路、显示电路和被控制的电路等组成。分体式空调器电气系统的主要功能是接收操作者发出的指令、监测室内温度与安全保护，并根据接收到的指令控制相应的电路。如果电气系统出现了故障，就会出现通电无任何反应、不能接收遥控器和面板键发出的任何指令、室内风机不能控制、压缩机不运行等一系列的故障。

1. 空调器通电后无任何反应

当空调器通电后无任何反应、指示灯无闪烁、无法开机时，一般是供电电路的故障。

首先检查电源电压（220V±10％）是否正常，然后检查保险丝管是否被烧断，接着分别测量变压器、整流滤波电路、三端稳压集成块、稳压二极管和 CPU 电源脚的电压是否正常，如果上述测点电压都正常的话，则需要检查 CPU 的启动电路和晶振电路是否正常工作。

2. 制冷（热）时压缩机不运行

首先要确定设定温度是否正确，然后检查室温和管温电路中的感温头是否断开或损坏，最后检测压缩机的供电电压是否正常。如果压缩机的供电电压低于 180V，压缩机因欠压会进入保护状态，使压缩机不能启动与运行；如果压缩机两端的电压正常而不能启动，则要检测其启动电容器和过载保护器是否损坏；否则就应着重检测压缩机。此时可用万用表的电阻挡分别测量压缩机主、副绕组的直流电阻，正常情况下，其阻值都在 20Ω 左右，且主绕组的阻值比副绕组略小。如果测得主、副绕组阻值正常却不能启动，大多为压缩机抱缸，应更换压缩机。

二、制冷系统故障如何判断？

分体式空调器制冷系统由室内和室外热交换器、压缩机、四通电磁阀、毛细管和过滤器等部件组成封闭的管路，内充制冷剂。在压缩机的驱动下，制冷剂在内部不断地循环，实现制冷和制热。如果制冷系统出现故障，会导致压缩机虽能运行但不制冷（热）或效果差、制冷正常但不能制热等故障的发生。

1. 不制冷（热）或效果差

出现不制冷（热）或效果差故障，如果此时压缩机运行正常，可用压力表分别测量压缩机开机和停机前后低压侧的压力来判断故障部位。若压力基本不变，则可能是压缩机老化。

如果开机前低压侧压力未达到 0.6MPa，而开机后又 < 0.45MP 的话，很可能是空调器制冷循环系统缺少制冷剂。缺少制冷剂通常是由制冷系统存在泄漏点造成的，排除此故障首先要找出泄漏点，重点应检查螺口的接口处、管路的焊点及阀门处，特别要注意检查室内外热交换器两端弯管的焊接处，该处由于焊点多，容易泄漏。如果从运行正常到出现故障的时间很短，则大多为高压侧泄漏，否则可能为低压侧泄漏。将泄漏点重新焊接好后，必须加压检漏，然后抽真空、充入适量制冷剂。

如果测得低压侧开机前压力 > 0.6MPa，而开机后变为负压，且制冷（热）效果特别差，则由制冷管路堵塞（大多为过滤器和毛细管堵塞）造成。管路堵塞可用高压氮气冲通或更换毛细管、过滤器等来排除故障。

2. 制冷正常但不能制热

出现制冷正常但不能制热故障时，应先测量四通电磁阀线圈上 220V 交流电压是否正常。如果电压正常，应检查电磁阀线圈，正常时在线圈通、断电时有吸合和释放的声响，如果听不到电磁阀吸合和释放的声音，断电后可用万用表欧姆挡测其两端的阻值，正常时应有几十欧姆的电阻值，若阻值无限大，说明电磁阀线圈开路。若上述检查均正常，说明四通电磁阀的阀心损坏。此时，应放出制冷剂，更换同型号新的四通电磁阀。在焊接新阀时，由于阀心不耐高温，要先将线圈取下，用湿布包好阀体快速焊接。焊接完成后，必须进行检漏、抽真空和充注制冷剂。

提示

分体式空调器制冷系统故障检查遵循"听、看、摸、测"的步骤。

 活动

活动一：空调器电气系统故障排查和修复

空调器故障排查和修复涉及多个方面的工序，主要分为电气系统故障排查和修复、制冷系统故障排查和修复两大类。在这两大类故障的排查和修复过程中还涉及制冷剂回收机、仪器仪表和多种工具的使用。涉及的常用工具详见表 4-2-1 所示。

表 4-2-1　空调器故障排查和修复常用工具

名称	图样	名称	图样
万用表		试电笔	
扳手		兆欧表	
螺丝刀		批头	
弯管器		扩管器	
割刀		制冷剂回收机	
真空泵		制冷剂回收瓶	

想一想

为什么电路故障中很少出现短路故障？

（续表）

名称	图样	名称	图样
双歧表	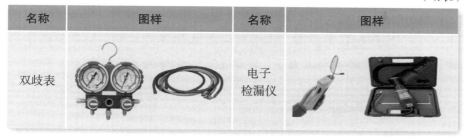	电子检漏仪	

在已安装了分体式空调器的平台上，按要求选取测量仪器、工具及合适的材料，根据提供的电气系统接线图（图4-2-2、图4-2-3）、技术要求以及相关工程规范排查和修复电气系统的故障。

一、保险丝熔断故障

1. 检测

首先打开室内机盖板，拆卸如图4-2-4所示位置的几个外罩部件的固定螺丝，卸下外罩部件，如图4-2-5所示。打开室内机电气盒，抽出电脑板，如图4-2-6所示。找到电脑板上的保险丝位置，如图4-2-7所示，一般此处有2个保险丝，一个是保护电脑板电路的保险丝，另一个是辅助电加热器的保险丝。找到相应的位置后，取出万用表，挡位选在通断挡，如图4-2-8所示，测量保险丝两端的电阻，如显示为很大阻值或无穷大时，可以判断为保险丝烧坏，一般正常的阻值接近于0Ω。

提示

在进行电气系统排故操作拆除设备外壳时，须注意其安装位置，防止修理后引起参数不准、控制失效等现象。

图4-2-4　拆卸外罩部件的固定螺丝

图4-2-5　卸下外罩部件

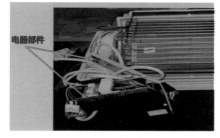

图4-2-6　抽出电脑板

图4-2-7　电脑板上的保险丝位置

图4-2-8　置万用表于通断挡

2. 修复

保险丝的固定形式有卡扣式和焊接式两种，如果是卡扣式的，可以先取下已熔断的保险丝管，换上同一规格的保险丝管；如果是焊接式的，需要采用电烙铁将其焊下，再焊上同一规格的保险丝管。

二、线路断线故障

1. 检测

根据电气系统接线和技术要求，测量室内外机之间的连接线。按照对应的标识逐一进行检测，变频空调器室外机连接端子一般有 4 个接线端子，如图 4-2-9 所示，其中 SI 为通信线、黄绿色线为地线、蓝色线 N 为零线（同时为通信线）、棕色线 L 为火线。

提示

线路故障检测需要观测接线端子和电线颜色，以提高检测效果。

图 4-2-9 外机接线柱

万用表仍然置于通断挡位上，逐一测量连接线是否处于开路状态。

2. 修复

如果发现某线开路，须更换同一规格、型号的电缆线并进行规范连接。

三、线路接错故障

1. 检测

根据电气系统接线图和技术要求，测量室内外机之间的连接线，按照对应的标识逐一进行检测。在空调器安装过程中接错线，如果没有导致设备短路或烧坏的话则是外机接线端子上的蓝色线 N 和棕色线 L 相互错接。因为蓝色线 N 为零线同时也为通信线，相互错接后会导致室内外机通信中断，控制系统会判断为通信故障。

2. 修复

调换相互错接端子上的导线。

提示

排故操作时导线接头必须牢固连接，防止产生二次故障。

四、感温探头损坏故障

1. 检测

感温探头又称热敏电阻，在设备不通电的情况下，打开室内机盖板，拆卸如图4-2-4所示位置的几个螺丝，卸下外罩部件，如图4-2-5所示，打开室内机电气盒，抽出电脑板，找到电脑板上的感温探头位置，如图4-2-10所示。找到相应的位置后，取出万用表，挡位选电阻挡，量程为20k，测量感温探头的阻值，再改变感温探头所测对象的温度（如将探头放置在冷水或热水中），观察其阻值是否有连续性的变化，如果万用表显示其值为无穷大，说明感温探头已损坏。正常情况下感温探头的阻值为几千欧到几十千欧。

提示

在对感温探头进行检测等操作后，尽量安装在原来位置，这样可以防止感温差异性偏大不准。

图4-2-10　室内机感温探头

2. 修复

更换相同品牌、规格的感温探头。

活动二：空调器制冷系统故障排查和修复

在已安装了分体式空调器的平台上，按要求选取测量仪器、工具及合适的材料，根据提供的制冷系统图（图4-2-1）、技术要求以及相关工程规范排查和修复制冷系统故障。

一、制冷剂全部泄漏，造成不制冷

1. 检测

在空调器不通电的情况下，对制冷系统进行氮气检漏，检漏氮气压力一般 ≤ 0.6MPa，用制冷剂专用泡沫检漏液进行检漏，检漏的重点部位是外机接管等接口，如图4-2-11和图4-2-12所示。确定泄漏点位置，找到泄漏点后做好标记。

图 4-2-11　外机接管　　　　图 4-2-12　检测点

2. 修复

针对漏点进行修复，修复后还要进行保压检漏，确认系统密闭。然后抽真空，按照空调铭牌定量加注制冷剂，再采用电子检漏仪进行复查，确定系统密闭，开机调试。

二、制冷剂部分泄漏

1. 检测

采用电子检漏仪对空调器室内机、室外机、连接铜管及各接头、阀门等地方进行仔细检查。电子检漏仪在使用前，需要提前打开，预热 1～3 分钟后才能进行检测。检测时探头的移动速率不大于 25～50 mm/s，探头距离被测表面不大于 5 mm，如图 4-2-13 所示。当检测到有制冷剂泄漏处时，检漏仪会发出"嘟嘟嘟……"的声音，如图 4-2-14 所示。

图 4-2-13　用电子检漏仪检漏　　　图 4-2-14　电子检漏仪检测到泄漏处

2. 修复

（1）先用制冷剂回收机回收空调系统中剩余的制冷剂，如图 4-2-15 和图 4-2-16 所示，再对泄漏点进行维修。

（2）维修完毕后，对制冷系统进行氮气保压，按照系统要求保压压力：最大系统压力≥保压压力≥工作压力，一般取 1.15～1.2 倍的冷凝压力。

（3）保压完成后，对制冷系统抽真空。

（4）按照产品铭牌规定，进行制冷剂定量充注。

（5）采用电子检漏仪进行复查。

（6）开机调试，完成维修。

想一想

定量充注制冷剂有何优点？

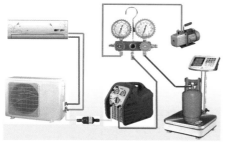 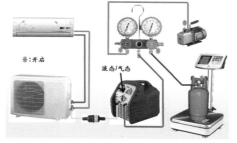

图 4-2-15　制冷剂回收接管图　　　图 4-2-16　制冷剂回收操作

提示

制冷剂回收操作严禁回收罐混合不同种类的制冷剂。

 **总结评价**

一、评价方法

本任务采取主观评价与客观评价相结合的评价方式，主要为结果性评价。根据学员对空调器故障排查和修复完成后的作品，参照世赛评分标准进行综合评价打分。

二、标准评价表

根据学员安装完成后的作品，参照表 4-2-2 和表 4-2-3 上的评价细则进行评价。

表 4-2-2　分体式空调器电气系统故障排查和修复评价表

序号	评价项目	评分标准	分值	得分
1	规定时间内排查出故障位置	在规定时间内一次判断故障正确，获满分；两次判断正确，获 2 分；三次判断正确，获 1 分；三次以上不得分	3	
2	仪器仪表使用规范	合理使用仪器检测故障，操作规范获满分；错误，不得分	1	
3	个人防护穿戴规范	操作中，个人防护规范，获满分	1	
4	故障修复完成	故障修复判断合理，操作规范，修复后调试系统正常，获满分	4	

（续表）

序号	评价项目	评分标准	分值	得分
5	场地整理	维修场地整理清洁，无遗忘、漏检和破坏环境现象，获满分	1	
	总分		10	

表 4-2-3　分体式空调器制冷系统故障排查和修复评价表

序号	评价项目	评分标准	分值	得分
1	规定时间内排查出故障位置	在规定时间内一次判断故障正确，获满分；两次判断正确，获2分；三次判断正确，获1分；三次以上不得分	3	
2	仪器仪表使用规范	合理使用仪器检测故障，操作规范获满分；错误，不得分	1	
3	个人防护穿戴规范	操作中，个人防护规范，获满分	1	
4	故障修复完成	故障修复判断合理，操作规范，修复后调试系统正常，获满分	3	
5	修复操作规范	修复时工具、仪器使用规范，无违规操作，获满分	1	
6	制冷剂回收操作符合要求	回收系统连接正确，操作规范，回收量符合规定，获满分	1	
7	管道吹污符合规范	系统管道吹污压力和操作规范，获满分	1	
8	系统压力测试符合规范	系统保压压力正确，操作规范，获满分	2	
9	系统抽真空、真空测试符合规范	抽真空操作规范，真空度达到规定值，获满分	2	
10	制冷剂充注操作符合规范	充注管路连接正确，充注操作规范，充注量达到要求，获满分	2	
11	空调调试及检测符合规范	开机操作正确，检测仪器使用正确、规范，获满分	3	
	总分		20	

提示

排故操作时应严格遵守电气、制冷安全操作规范。防范新型制冷剂易燃易爆以及系统高压引起的操作安全事故。

拓展学习

一、变频空调器的原理及类型

众所周知，我国的电网电压为220V、50Hz，如果空调器中的压缩机直接用电网电压来驱动，这样的空调器称为定频空调器。定频空调器中的压缩机转速是基本不变的，制冷量或制热量的调节主要依靠压缩机的开、停来实现。压缩机的主要部件是电动机，电动机启动时的电能消耗是最大的，压缩机频繁地启动与断开，是定频空调器能耗大的主要原因。

变频空调器中的压缩机不是由电网电压直接供电，而是通过变频器来供电的。如果压缩机中的电动机采用交流感应电动机的结构，那么为其供电的变频器则为交流变频器。采用交流变频器生产的空调器称为交流变频空调器。交流感应电动机的转速（即压缩机的转速）主要取决于为它供电的交流电压的频率，且转速与供电电压的频率成正比。

如果压缩机中的电动机采用直流电动机的结构，那么为其供电的变频器必须是直流变频器。采用直流变频器生产的空调器称为直流变频空调器。直流电动机的转速（即压缩机的转速）主要取决于为其供电的变频器输出电压，且转速与供电电压的频率成正比。

1. 交流变频空调器的工作原理

交流变频空调器中的交流变频器的工作原理大致为：先把220V、50Hz的交流电通过整流电路转换为直流电，为变频器提供工作电压，再由逆变电路将直流电重新变换成频率可调的脉动交流电，其频率调节范围为30～130Hz，用于驱动压缩机运转，使压缩机的转速随着供电电压频率的变化而变化。而变频器输出电压的频率则受室温检测电路的控制，当检测出室温低于设定温度（制热状态）时，变频器输出电压的频率升高，压缩机转速加快，提高制热量。交流变频器原理性方框图如图4-2-17所示。

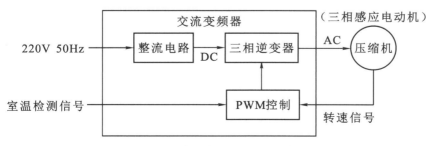

图4-2-17 交流变频器原理性方框图

提示

根据故障现象，选用万用表检测，需要合理选择量程和判断测量参数。

2．直流变频空调器的工作原理

直流变频空调器中使用的变频器为直流变频器，直流变频器的基本工作原理是通过调节加到压缩机上的电压来调节压缩机转速，实现空调器制冷量或制热量的调节。如何使变频器输出的直流电压可调有PWM 和 PAM 两种方式。

PWM（Pulse Width Modulation）的中文意思是脉冲宽度调制。采用 PWM 方式的直流变频器原理性方框图如图 4-2-18 所示。从图中可见，220V 交流电经整流电路整流后输出一个恒定的直流电压作为变频器功率模块的输入电压，变频器的功率模块处于开关状态。功率模块开启时，输出端有 240V 的电压输出；功率模块关闭时，输出端的电压为零。功率模块连续的一开一关，便在功率模块输出端得到了一串连续的交变脉冲电压，单位时间内功率模块开、关的次数就是这一交变脉冲电压的频率，其频率是在变化的。对这一变频的脉冲电压进行滤波就能将脉冲电压变成直流电压。直流电压的高低取决于功率模块的开启时间和断开时间的比值，或者说取决于使功率模块开启的脉冲宽度，所谓脉冲宽度调制的意思即在于此。方框图中的 PWM 控制器就是用来控制功率模块开、关时间的，且开、关时间主要受室温检测信号的控制。

想一想

变频空调器主要优点有哪些？

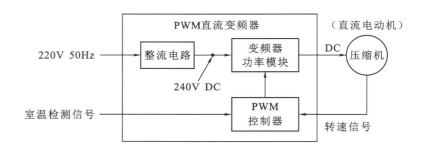

图 4-2-18　采用 PWM 方式的直流变频器原理性方框图

PAM（Pulse Amplitude Modulation）的中文意思是脉冲幅度调制。采用 PAM 方式的直流变频器原理性方框图如图 4-2-19 所示。从图中可见，PAM 控制器有两个输出控制信号，其中一个用于控制整流电路的输出电压，使输出电压在 140～300V 之间变化，另一个控制信号用于控制功率模块使其处于开关状态。可以看到，功率模块输出端脉冲电压的幅度取决于功率模块的输入电压。如果功率模块输入端的直流电压高，输出端得到的脉冲电压幅值同样高，经滤波后形成的直流电压也高，反之则低。由于这种变频器输出电压的高低主要取决于功率模块输出脉冲的幅度,因此将其称为脉冲幅度调制。

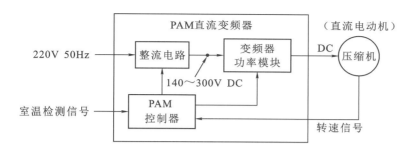

图 4-2-19　采用 PAM 方式的直流变频器原理性方框图

二、变频空调器常见故障检修

变频空调器的电气系统故障一般较为复杂,首先考虑排除电源故障,包括室内机和室外机的电源。其次考虑排除电控部分故障,比如:风机故障;继电器或双向可控硅是否存在接触不良、开路或短路。最后考虑排除电路故障,比如:判断或检测主控电路、晶振电路、复位电路、驱动电路、电压检测电路、电流检测电路等。

1. 室外电源主继电器故障造成整机出现 P1 电压过高或过低保护

(1)故障现象:新装机,开机运行,整机频繁出现 P1 电压过高或过低保护。

(2)故障范围:室外电控、PFC 模块、变频模块。

(3)故障检查的思路及步骤:

步骤一:查故障代码确定此机显示 P1 是电压过高或过低保护。测量电源电压,待机状态为 220V,满足变频空调器的运行要求。

步骤二:用万用表检测室外机 L、N 接线端子,室内主板有 220V 电压输出,当测量模块 P、N 直流 300V 输入端时发现直流母线电压不稳定,经监测模块 P、N 电压发现反复地由 300V 慢慢下降,当降到低于 113V 时,整机报 P1 电压过高或过低保护,最后模块 P、N 电压为 0V。过几分钟后,模块 P、N 又有 300V 直流输入电压。

步骤三:根据此现象,初步判定故障点在室外主电源供电线路,经进一步测试发现室外主电源继电器没有吸合,输入端有 220V 电压,而输出端无 220V 电压,且旁边的 PTC 热敏电阻发热严重,测量继电器绕组阻值为无穷大,说明线圈已开路。

(4)处理措施:更换室外机电路板,空调器上电运行正常,故障排除。

2. 室外过欠压检测电路故障导致整机出现 P1 电压过高或过低保护

(1)故障现象:开机运行,整机出现 P1 电压过高或过低保护。

想一想

变频空调器常见故障有哪些?

（2）故障范围：室外电控、PFC 模块、变频模块。

（3）故障检查的思路及步骤：

步骤一：查故障代码确定此机显示 P1 是电压过高或过低保护。测量电源电压，待机状态为 220V，满足变频空调器的运行要求。

步骤二：用万用表检测室外机 L、N 接线端子，室内主板有 225V 电压输出，模块 P、N 直流母线电压 300V 输入电压稳定。

步骤三：连接变频空调器检测仪，观察检测仪小板的直流母线电压采样值，将小板查询功能转换至"Ir341"，小板检测的电压值比用万用测试的值小 50V，初步确定故障点在室外电控板电压采样电路上。

（4）处理措施：更换室外机电路板，空调器上电运行正常，故障排除。

 思考与练习

试一试

根据图 4-2-20 至图 4-2-22，指出接电线、保险丝断开故障和解决方法。

1. 空调器通电前应该做哪些安全测试？

2. 定频空调器能否设置液管（细管）完全堵塞故障，为什么？

3. 技能训练：根据图 4-2-20 至图 4-2-22，完成空调器保险丝熔断故障的排查及修复。

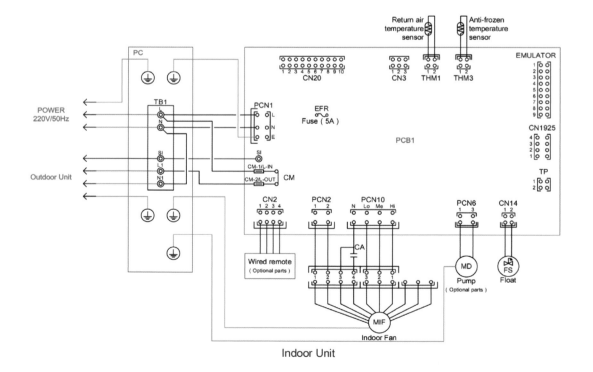

图 4-2-20　电气接线图（1）

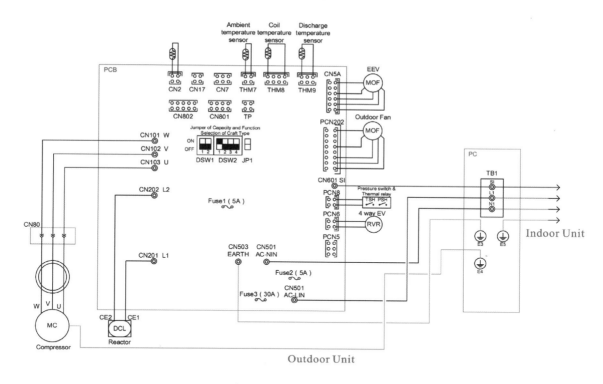

图 4-2-21　电气接线图（2）

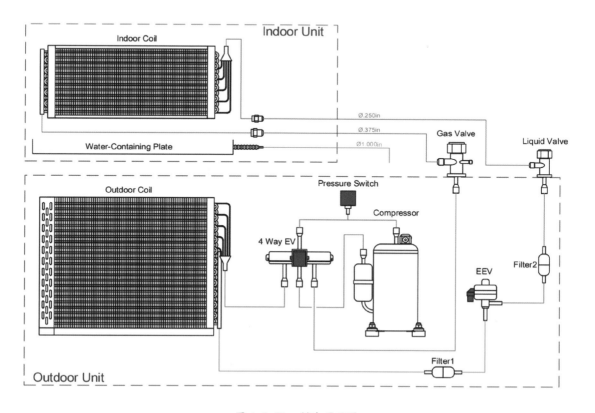

图 4-2-22　制冷原理图

附录 《制冷与空调》职业能力结构

模块	任务	职业能力	主要知识
1．健康安全环境防护	1．作业场所安全防护	1．能识别制冷与空调系统安装与维修作业场所中出现的各种安全标志； 2．能根据安装与维修任务进行作业场所安全设施的检查，并提出合理的安全装置配置建议； 3．能根据作业场所的布局情况判别作业的安全性，完善安全防护措施； 4．能养成严谨细致、一丝不苟、精益求精的工匠精神，树立良好的安全意识和环保意识	1．制冷与空调系统安装与维修操作工位安全标志； 2．制冷与空调系统安装与维修操作工位中安全装置配置要求； 3．制冷与空调系统安装与维修工位内安全性评价标准
	2．个人安全防护	1．能根据不同的工作任务正确选择个人安全防护用品与设备； 2．能规范穿戴个人安全防护用品； 3．能遵守任务实施过程中的安全操作规范； 4．养成注意自身安全防护的同时也注重保护他人的安全行为习惯，提高在工作中一丝不苟、细致严谨的工匠精神与职业素养	1．制冷与空调系统安装与维修操作中个人防护装备特点； 2．个人防护装备正确穿戴方法； 3．制冷与空调系统安装与维修个人防护安全性评价标准
	3．作业风险应急处理	1．能按照要求进行危险品与废料的存放与检查； 2．能熟练使用灭火器； 3．能处理触电事故； 4．能树立积极防灾、减灾和保护国家财产安全的意识，合理制定应急预案	1．制冷与空调系统安装与维修操作中物品分类及危险品储存； 2．制冷与空调系统安装与维修操作中消防注意事项； 3．典型安全事故处理； 4．制冷与空调系统安装与维修应急预案及防范措施
2．制冷组件制作	1．蒸发器组件制作	1．能根据任务（制作图）要求识读和分析图纸，完成蒸发器管路计算； 2．能按图进行管道制作，制作精度符合图纸所设定的要求； 3．能按要求进行管道焊接（钎焊）操作，完成蒸发器制作； 4．能按任务要求，对完成的蒸发器进行吹污、保压、检漏操作； 5．能养成严谨细致、一丝不苟、精益求精的工匠精神，树立良好的安全意识和环保意识	1．制作图识读及管道计算方法； 2．管工、焊工、钳工操作要点； 3．管道制作及焊接工艺特点； 4．管道测量方法； 5．焊接设备、工具使用特点，工件保压操作工艺； 6．蒸发器工作原理

模块	任务	职业能力	主要知识
2．制冷组件制作	2. 回热器制作	1. 能根据项目任务（制作图）进行识图、分析，完成回热器管路计算； 2. 能按图进行管道制作，制作精度符合制作图要求； 3. 能按照规范进行回热器组件的整型操作； 4. 能根据任务要求进行吹污、保压、检漏操作； 5. 能养成严谨细致、一丝不苟、精益求精的工匠精神，树立良好的安全意识和环保意识	1. 制作图识读及管路计算方法； 2. 回热器的结构与工作原理； 3. 套管焊接工艺和操作要点； 4. 管道整型操作和尺寸控制要点
3．制冷系统安装与调试	1. 制冷系统安装	1. 能根据任务要求选择制冷设备，并检测设备的好坏； 2. 能根据定位图合理布置制冷设备，并完成设备的安装固定，尺寸偏差为 ±2 mm； 3. 能根据系统图进行制冷管路的设计、制作和安装固定，如有尺寸要求，偏差为 ±2 mm； 4. 能根据制造商的说明书进行所有零部件的安装固定； 5. 能养成严谨细致、一丝不苟、精益求精的工匠精神，树立良好的安全意识和环保意识	1. 制冷系统安装技术规范和标准； 2. 制冷管道设计、安装制作工艺； 3. 安装主要工具使用技术； 4. 制冷系统的构成与工作原理
	2. 制冷电气安装	1. 能根据任务要求选择电气零部件，并检测零部件的好坏； 2. 能合理布线，电缆、电线保持横平竖直； 3. 能使用合适的接线端子，不露铜，无破损，并保证全部固定牢固； 4. 能合理使用仪表完成通电前测试和通电试运行； 5. 能养成严谨细致、一丝不苟、精益求精的工匠精神，树立良好的安全意识和环保意识	1. 制冷电气及配套设备检测工艺； 2. 制冷电气管道设计技术标准； 3. 制冷电气安装操作工艺； 4. 电气安装工具使用方法； 5. 制冷系统电路图
	3. 制冷系统气密性测试	1. 能正确选择制冷系统气密性测试所需工具； 2. 能根据要求完成制冷系统压力测试操作，保证系统测试压力满足规定要求； 3. 能根据要求完成制冷系统抽真空测试操作，系统真空度符合规定要求； 4. 能养成严谨细致、一丝不苟、精益求精的工匠精神，树立良好的安全意识和环保意识	1.制冷系统气密性压力测试工作原理； 2.制冷系统气密性压力测试操作方法； 3.制冷系统气密性压力测试仪器、工具使用方法

模块	任务	职业能力	主要知识
3．制冷系统安装与调试	4．制冷系统调试	1．能按任务要求，根据规范进行制冷系统制冷剂充注； 2．能按任务要求，在规定时间内对制冷系统进行调试，使运行达到设定的参数要求； 3．能根据要求完成制冷系统抽真空测试操作，系统真空度符合规定要求； 4．能养成严谨细致、一丝不苟、精益求精的工匠精神，树立良好的安全意识和环保意识	1．制冷系统气密性压力测试工作原理； 2．制冷系统气密性压力测试操作方法； 3．制冷系统气密性压力测试仪器、工具使用方法
4．分体式空调器安装与排故	1．分体式空调器的安装	1．能读懂分体式空调器安装技术文件，会进行产品检查； 2．能选用合适的安装工具，选择安装操作方案； 3．能按照任务要求进行安装操作； 4．能进行调试操作； 5．能养成严谨细致、一丝不苟、精益求精的工匠精神，树立良好的安全意识和环保意识	1．空调器产品安装技术文件； 2．空调器安装工艺和操作流程； 3．安装常用工具及使用方法； 4．安装调试方法； 5．分体式空调器的构成； 6．分体式空调器工作原理
	2．分体式空调器的排故操作	1．能进行分体式空调器电气系统检测操作； 2．能依据给定条件进行故障分析； 3．能根据分析进行排故操作； 4．能养成严谨细致、一丝不苟、精益求精的工匠精神，树立良好的安全意识和环保意识	1．常见空调设备典型故障现象； 2．空调器故障判断分析方法； 3．空调器故障检修方法； 4．分体式空调器典型故障的原因

编写说明

　　《制冷与空调》世赛项目转化教材是上海科技管理学校联合本市相关职业院校、行业专家，按照上海市教委教学研究室世赛项目转化教材研究团队提出的总体编写理念、教材结构设计要求，共同完成编写的。本书可作为职业院校制冷与空调相关专业的拓展和补充教材，建议在完成主要专业课程教学后，在专业综合实训或顶岗实践教学活动中使用，也可作为相关技能职业培训教材。

　　本书由上海科技管理学校周卫民、施伟华担任主编，负责教材内容设计和组织协调工作。教材具体编写分工：周卫民编写模块一（任务1）、模块四（任务1），上海科技管理学校张申云编写模块一（任务2、任务3），施伟华编写模块二，上海市工业技术学校金杰编写模块三（任务1、任务2），上海科技管理学校赵杰云编写模块三（任务3、任务4），杭州智存科技有限公司林初克编写模块四（任务2）。全书由周卫民、施伟华统稿。

　　在编写过程中，得到上海市教委教研室谭移民老师的悉心指导，以及上海海洋大学谢晶、上海城建职业学院刘福玲、山东青岛海洋技师学院徐立山等多位专家鼎力支持，上海楚非信息科技有限公司丁敏总经理、王丽娟老师、陈佳佳老师帮助收集材料、拍摄照片，在此一并表示衷心感谢。

　　欢迎广大师生、读者提出宝贵意见和建议。

图书在版编目（CIP）数据

制冷与空调 / 周卫民，施伟华主编. — 上海：上海
教育出版社，2022.8
ISBN 978-7-5720-1646-2

Ⅰ.①制… Ⅱ.①周… ②施… Ⅲ.①制冷技术 – 中
等专业学校 – 教材②空调技术 – 中等专业学校 – 教材
Ⅳ.①TB6

中国版本图书馆CIP数据核字(2022)第155160号

责任编辑　汪海清
书籍设计　王　捷

制冷与空调
周卫民　施伟华　主编

出版发行　上海教育出版社有限公司
官　　网　www.seph.com.cn
地　　址　上海市闵行区号景路159弄C座
邮　　编　201101
印　　刷　上海普顺印刷包装有限公司
开　　本　787×1092　1/16　印张 10.75
字　　数　230 千字
版　　次　2022年8月第1版
印　　次　2022年8月第1次印刷
书　　号　ISBN 978-7-5720-1646-2/G·1520
定　　价　42.00 元

如发现质量问题，读者可向本社调换　电话：021-64373213